Friedrich Bitter

Schnecken-Fibel

Attraktive und nützliche Tiere im Süßwasseraquarium

W0191396

Dähne Verlag

Alle Fotos, außer den besonders gekennzeichneten, sind vom Verfasser.

Bibliografische Information
der Deutschen Bibliothek

Die Deutsche Bibliothek verzeichnet diese Publikation in der Deutschen Nationalbibliografie; detaillierte bibliografische Daten sind im Internet über http://dnb.ddb.de abrufbar.

Friedrich Bitter
Schnecken-Fibel
ISBN 978-3-935175-45-6
© 2008 Dähne Verlag GmbH, Postfach 10 02 50, 76256 Ettlingen

Lektorat: Ulrike Wesollek-Rottmann
Layout: Daniela Gröbel
Druck: Himmer, Augsburg
Printed in Germany

Inhalt

Einleitung

Es gibt wohl niemanden mit dem Hobby Süßwasseraquaristik und einem Hang zu Wasserpflanzen, der nicht früher oder später - meist unverhofft – auf Schnecken in seinem Aquarium gestoßen ist, die es sich darin augenscheinlich gut gehen ließen. Unerwartet auf diese unbekannten Tiere zu treffen, ist für viele überhaupt kein erfreuliches Ereignis. Schnecken gelten in Anlehnung an die Land bewohnenden (terrestrischen) Arten im heimischen Garten als Schädlinge, die sich an allem vergreifen, was grün ist. Überdies empfinden viele Menschen beim Gedanken an „schleimig-feuchte" Lebewesen einen gewissen Ekel.

Diese Bilder werden dann leider auch auf unsere Wasserschnecken übertragen. Es wird also Zeit, mittels unserer kleinen Fibel, mit solchen Vorurteilen gründlich aufzuräumen.

Friedrich Bitter
Oktober 2008

Eingeschleppt – na und?

Am häufigsten wird unsere heimische Quellblasenschnecke, *Physa acuta*, mit Wasserpflanzen eingeschleppt, die vielleicht aus der Freilandkultur stammen. Eventuell wurden sie auch in Behältnissen beim Groß- oder Einzelhändler zwischen gehältert, in denen sich gleichzeitig oder früher Pflanzen mit Schneckenkontakt befanden. Wegen ihrer geringen Größe, die selten einen Zentimeter übersteigt, wird sie schnell übersehen, was es ihr ermöglicht, sich zunächst ohne große Einschränkungen zu vermehren.

Ähnlich verhält es sich mit einige Arten aus der Familie Planorbidae, die umgangssprachlich als Teller- oder Posthornschnecken bekannt sind. Die flacheren Tellerschnecken mit einem Gehäusedurchmesser von meist weniger als einem Zentimeter gehören dabei inzwischen ebenso zur einheimischen Fauna wie die Posthornschnecken, deren Gehäuse nicht ganz so abgeflacht erscheint.

Blasen-, Teller- und Posthornschnecken sind im Aquarium durchaus nützlich, denn sie verzehren, was die anderen Aquarienbewohner übrig lassen. Dazu gehören Futterreste, aber auch abgestorbenes Pflanzenmaterial. Die Blasenschnecken ernähren sich allerdings rein vegetarisch, während andere Schnecken selbst vor Aas nicht zurückschrecken. Alle fungieren also im Aquarium quasi als Saubermänner, weshalb man eigentlich froh sein sollte, dass man sie besitzt.

Häufig ziehen so genannte Turmdeckelschnecken mit wurzelnden Pflanzen in das Aquarium ein. Während der Begriff Turmdeckelschnecke für eine ganze Reihe unterschiedlicher Schnecken verwendet wird (darauf kommen wir später noch einmal genauer zurück), geht es an dieser Stelle in erster Linie nur um *Melanoides tuberculatus*, den Inbegriff einer Turmdeckelschnecke. Nicht zuletzt durch die Aquaristik ist sie zum Kosmopoliten geworden, der eben auch bei uns in Mitteleuropa mittlerweile viele geeignete Gewässer bewohnt.

Selbst einheimische Schnecken können ein Aquarium bereichern.

Die Turmdeckelschnecke, die kaum drei Zentimeter Länge erreicht, bevorzugt ein Leben im Verborgenen, sie gräbt sich zumindest tagsüber häufig im Bodensubstrat ein. Hier liegt dann auch eine weitere ihrer guten Eigenschaften. Neben dem Verzehr von pflanzlichen Resten sorgt sie für eine Auflockerung des Bodens, ohne dass das Wurzelwerk der Wasserpflanzen beschädigt wird. Ganz im Gegenteil: In einem Aqua-rium mit Turmdeckelschnecken-Population gedeihen die Pflanzen sichtlich besser.

Wie Sie sehen, gibt es gute Gründe, nicht gleich nach der chemischen Keule zu greifen, um ein von Schnecken bewohntes Aquarium in den Urzustand zurück zu versetzen. Meist überwiegt der Nutzen dieser Mollusken; die Nachteile, die ihnen manchmal nachgesagt werden, sind eher sekundärer Natur.

Schnecken, Schnecken, Schnecken

Wer sich nun für Wasserschnecken zu interessieren beginnt, wird schnell fündig und feststellen, dass es mittlerweile zahlreiche Schneckenarten und -varianten in der Aquaristik gibt. Egal ob im Zoofachgeschäft, auf Aquarienausstellungen, in Fachzeitschriften wie der „Caridina" und in Wirbellosen-Foren im Internet, überall stößt man auf diese liebenswerten Weichtiere, und wer erst einmal seine Leidenschaft für die Tiere entdeckt hat, kann schnell zum Sammler werden. Lassen Sie uns gemeinsam einen kleinen Streifzug durch die Welt der Aquarienschnecken unternehmen und schauen, was es alles zu entdecken gibt.

Apfelschnecken, wie diese *Aselone spixi*, kann man häufig in Zoofachgeschäften erwerben.

Beobachtungen

Eine Schnecke gleitet geschwind über den Aquariumboden. Vor der Frontscheibe hält sie kurz inne, um sich dann zu ihr vorzubeugen. Der Fuß kommt in Kontakt mit der Oberfläche, wölbt sich weiter nach oben, und mit einem Ruck werden der restliche Körper und das Gehäuse nachgezogen. Dann kriecht die Schnecke eilig an der Scheibe nach oben. Sie muss Nahrung gewittert haben.

Beobachtet man Schnecken genauer, dann fallen auch Details auf, über die man sonst hinweg sieht. Mit einer unglaublichen Leichtigkeit bewegen sie sich über den Untergrund, kriechen in der Vertikale kopfauf und kopfunter. Klein bleibende Arten sind sogar in der Lage, sich an der Wasseroberfläche hängend fortzubewegen und dabei die Kahmhaut oder kleine Wasserpflanzen abzuweiden.

Bei genauerer Betrachtung erkennt man das Hauptprinzip der Fortbewegung: Über die Sohle verlaufen Wellenbewegungen. Deren Häufigkeit und Ausprägung bestimmen Geschwindigkeit und Richtung. Dazu ist der Schneckenfuß meist kräftig gebaut und besteht überwiegend aus Längs- und Quermuskeln. Durch aufeinander abgestimmte Wechsel von Anspannung (Kontraktion) und Erschlaffung (Relaxation) dieser Muskeln können sich die Schnecken in verschiedene Richtungen bewegen.

Am einfachsten ist es für eine Schnecke, über eine glatte Fläche zu gleiten, da dabei der geringste Widerstand zu bewältigen ist. Sie kann den Bewegungswiderstand aber auch durch abgesonderten Schleim reduzieren. Dazu befinden sich bei den meisten Schneckenarten Schleimdrüsen unter

Der Fuß einer Schnecke besteht aus Längs- und Quermuskeln.

groß. Für die Auffindung von Nahrung sind Geruchs- und Geschmackssinn besonders stark ausgebildet. Wenn man zum Beispiel eine Futtertablette in ein Aquarium mit mehreren *Anentome helena* gibt, werden die Tiere innerhalb von Minuten aktiv und versuchen sich nach der Beute auszurichten. Zunächst gibt es noch Orientierungsprobleme, die mit den Strömungsverhältnissen im Aquarium zu tun haben, doch bereits kurze Zeit später bewegen sich alle Schnecken zielgerichtet auf die vermeintliche Beute zu, das „Ortungsrohr" nach vorne gerichtet.

Obwohl die meisten Schnecken sehr kleine Augen besitzen, verfügen sie doch über einen Sehsinn, mit dem sie zumindest zwischen hell und dunkel unterscheiden können. Bereits bevor man in einem Aquarium hantiert, wenn also beispielsweise ein Schatten auf das Becken fällt, lassen manche Schnecken sich von den Scheiben oder Wasserpflanzen als Fluchtreaktion zu Boden fallen. Sicherlich spüren sie Erschütterungen und sich verändernde Wasserwiderstände und auch ihr Tastsinn ist ausgeprägt. Die nötigen Zellen dafür sitzen überwiegend in den Fühlern, die bei Schnecken ja manchmal sehr

der Sohle und besonders stark produzierende an den Seiten des Kopfes. Die Schleimproduktion und damit die Stärke des Schleimfilms wird um so größer, je strukturierter das Substrat ist. Es fällt auf, dass von manchen Schnecken bestimmte Untergründe gemieden werden. Dazu gehören beispielsweise scharfkantige Materialien aber auch feiner Sand, der manchmal mit dem Schleim verklebt.

Wer sich nicht nur horizontal bewegt, sondern ebenfalls in andere Richtungen, muss über einen ausgeprägten Gleichgewichtssinn verfügen. Bei den Schnecken ist dies sicher von Bedeutung. Zum einen können sie in Situationen kommen, in denen nur noch die schnelle Flucht hilft, zum anderen gilt es, Futterquellen möglichst schnell anzusteuern, denn die Konkurrenz ist stark ausgeprägt sind. Ist etwas in der Kriechrichtung unbekannt oder ändert sich die Struktur, dann tastet und klopft die Schnecke schon einmal die unmittelbare Umgebung ab, um daraufhin zu entscheiden, wohin es weiter geht.

Viele Wasserschneckenarten besitzen einen Deckel, das so genannte Operculum, mit dem sie ihr Gehäuse von innen verschließen können, was in erster Linie eine Schutzfunktion hat. Während das Schneckengehäuse überwiegend aus Kalkverbindungen besteht, setzt sich dieser Deckel aus hornähnlichem Material zusammen.

In kalkarmem Wasser können die Schnecken ihr Gehäuse nicht ordentlich aufbauen, die Wände werden dünner und brüchig. Das führt bei extremem Kalkmangel sogar so weit, dass das gesamte Gehäuse in Mitleidenschaft gezogen wird und zunächst hässliche Bruchstellen entstehen. Man spricht hier von Gehäusekorrosion. Wirkt man dem nicht mit Kalkzugaben, beispielsweise in Form von Korallenbruch, Eierschalen und Kalksandstein entgegen, entstehen schnell Löcher und die Schnecke stirbt in letzter Konsequenz. Bei biogener Entkalkung des Wassers muss im Schneckenaquarium unbedingt aufgekalkt werden, wozu es verschiedene Möglichkeiten gibt. Gehäuseschäden kann man nur vorbeugen, zu reparieren sind sie nicht.

Verletzungen der Schneckenschale hingegen können vom Tier zum Teil erfolgreich behoben werden. Besonders im Bereich der Mündung und an neu aufgebauten Strukturen kann die Schnecke Kalk anlagern und somit sichtbar ihr Gehäuse ausbessern.

Besonders schnell unterwegs sind Schnecken an den glatten Aquariumscheiben.

Apfelschnecken
Ampullariidae

Es dürfte wohl eher an der gängigen Gehäuseform dieser Schnecken als an ihrer Schmackhaftigkeit gelegen haben, dass die Vertreter der Familie Ampullariidae zu dieser gemeinsamen Bezeichnung kamen. Unerwähnt bleiben soll aber nicht, dass besonders in manchen Teilen Asiens Apfelschnecken tatsächlich auf der Speisekarte stehen. Falls Sie einmal in die Verlegenheit geraten, diese Schnecken unverhofft auf dem Teller zu finden: Nur bei gut durchgekochten Exemplaren können Sie sicher sein, keinen lebenden Parasiten oder Krankheitserreger mit zu verzehren. Gerade aus China wurden Fälle vermeldet, in denen Menschen nach dem Genuss von Apfelschnecken ernsthaft erkrankten. Schuld sind zum Beispiel Pärchenegel (*Schistosoma* sp.), doch es gibt noch eine Reihe von anderen Parasiten, die unsere Schnecken als Zwischenwirte benutzen.

Jetzt aber bloß keine Angst vor den Apfelschnecken. Bei der Zucht für das Aquarium ist der gefährliche Kreislauf längst durchbrochen und man kann sorgenfrei im Aquarium und mit den Schnecken hantieren. Ausgesprochen hübsche gibt es darunter. Von goldgelben Exemplaren über lilafarbene und hellblaue bis hin zu weißen Tieren, wobei sich die Farbe immer auf das Gehäuse bezieht, während der Fuß ganz anders gefärbt sein kann.

Allgemeines

Ursprünglich stammen die aquaristisch verfügbaren Apfelschnecken der Gattungen *Aselone*, *Marisa* und *Pomacea* aus Gewässern in tropischer bis subtropischer Umgebung, weshalb sich ihr Wärmebedarf zum Teil nicht ohne Zusatzheizung decken lässt. Alle Arten verfügen sowohl über eine Lungen- als auch Kiemenatmung, was sie befähigt, selbst in solchen Gewässern zu überleben, die sauerstoffarm sind. Einige können sogar kurze Trockenzeiten überleben. Ein fest schließender, dicker Deckel (das Operculum) schützt das Gehäuseinnere vor dem Austrocknen.

Ein besonders auffälliges Merkmal vieler Apfelschneckenarten ist der Sipho, ein röhrenartiger Auswuchs des Mantels, der bei Bedarf weit ausgefahren werden kann. Das Tier nimmt so über der Oberfläche atmosphärische Luft auf, ohne das Wasser komplett verlassen zu müssen.

Am häufigsten wird im Aquarium *Pomacea bridgesii* gehalten. Diese Art ist auch gleichzeitig die farblich variabelste. Während ihre Wildform mehr oder weniger braun ist, kennen wir Zuchtformen in einer breiten Farbpalette. Erwachsene Tiere können einen Gehäusedurchmesser bis ungefähr 65 mm erreichen.

Aselone spixi, die Zebra-Apfelschnecke, bleibt da noch um einiges kleiner. Zwar kann sie nicht mit vielen Farbvarianten dienen, doch trägt ihr Gehäuse ein gefälliges Muster aus dunklen und hellen Streifen.

Ähnlich gezeichnet, doch um einiges größer und mit einem abgeflachten Gehäuse kommt *Marisa cornuarietis* daher. Man hat ihr zwar den deutschen Namen Paradiesschnecke gegeben, aus dem Paradies würde sie aber wohl ausgestoßen. Kaum eine Wasserschnecke ist ein solcher Pflanzenvertilger, wie diese Art. Trotz Zufütterung mit Salat und Gemüse schafft sie es, ehemals dicht begrünte Aquarien völlig kahl zu fressen.

Ein weiterer Pflanzenfresser ist *Pomacea canaliculata*. Der Laie kann sie äußerlich von *P. bridgesii* nur schlecht unterscheiden. Der Gehäusedurchmesser erwachsener Tiere ist zwar größer, aber dies ist kein hinreichendes

Tipp

Wenn Sie ein Aquarium beleben wollen, das auch etwas begrünt sein soll: Javamoos, Horn- und Nixkraut sowie Algenkugeln („Mooskugeln") werden manchmal nicht gefressen. Ansonsten sollten Sie sich auf Dekorationsmittel wie Steine und Wurzelholz beschränken.

Kriterium. Auch von *P. canaliculata* gibt es eine gelbe Farbform, was die Unterscheidung zusätzlich erschwert. Zum Glück (für die meisten) wird sie aber nur gelegentlich im Fachhandel angeboten.

Vermehrung

Alle Apfelschnecken sind getrennt geschlechtlich, es gibt also männliche und weibliche Tiere, was für den Laien aber schwer zu unterscheiden ist. Man kann im Aquarium Paarungen zwischen den Geschlechtern beobachten, wobei das Männchen auf dem Weibchen sitzt. Oft fast nicht sichtbar, schiebt das Männchen seinen Penis in die Geschlechtsöffnung der Partnerin und überträgt seine Geschlechtsprodukte.

Zur Unterscheidung: Sipho (Atemrohr) und Penis sind nicht identisch. Während der Sipho links vom Kopf liegt und bei beiden Geschlechtern vorhanden ist, sitzt der Penis beim Männchen rechts vom Kopf.

Nach der Befruchtung sucht sich das Weibchen einen Platz, wo es die Eier absetzen kann. Die Arten der Gattung *Pomacea* machen das außerhalb des Wassers, *Aselone* und *Marisa* bringen ihre Eiklumpen an der Dekoration im Wasser an.

In der Natur findet man die Gelege der *Pomacea*-Arten oft weit oberhalb der Wasseroberfläche an Halmen, Zweigen, aber auch an Felsen und Baumstämmen. Die Schnecken schützen so ihren Nachwuchs vor kurzfristig steigendem Wasserstand, denn wenn die Gelege ins Wasser fallen, sind sie meist zum Absterben verurteilt.

Um die *Pomacea*-Arten auch im Aquarium nachziehen zu können, sollte zwischen der Wasseroberfläche und der Abdeckung beziehungsweise dem Beleuchtungskasten ein Min-

Diese Gelege von *Pomacea canaliculata* wurden kurz über der Wasseroberfläche platziert.

destabstand zwischen fünf und zehn Zentimetern vorhanden sein. Dieser ermöglicht es den Schnecken, ihre Eier an geeigneter Stelle abzusetzen. Ihre Schale härtet nach dem Ablaichen relativ schnell aus und bietet den sich entwickelnden Nachwuchsschnecken so optimalen Schutz.

Wenn man die rötlichen Gelegeballen von *P. canaliculata* in der Natur betrachtet, fällt auf, dass sie mit fortschreitender Entwicklung die Farbe verändern. Während sie zu Anfang relativ dunkel sind, werden sie mit der Zeit immer heller und sind fast weißlich, wenn die Jungen schlüpfen und sich auf den Weg zurück ins Wasser machen. Die Farbe kann hier also als Indiz für den Entwicklungsstand genutzt werden. Bei den Unterwassergelegen von *Marisa* und *Aselone* ist die Beobachtung zum Glück wesentlich einfacher.

Ernährung

Sämtliche Apfelschnecken zeigen sich im Aquarium als genügsame Allesfresser, denen wir Gemüse, aber auch Fischfutter reichen können. Selbst Aas wird gefressen, wenn es maulgerecht zerkleinert werden kann. Im begrenzten Lebensraum Aquarium sollte immer nur so viel Futter vorhanden sein, wie die Schnecken innerhalb weniger Stunden verzehren können, denn sich zersetzende Nahrung kann das Wasser stark belasten. Der Stoffwechsel im Schneckeninneren vollzieht sich sowieso unter Zuhilfenahme von Mikroorganismen, von denen permanent kleine Mengen mit dem Kot ausgeschieden werden. Eine gute (biologische) Filterung wird damit in der Regel fertig, Wasserwechsel alle zwei Wochen und einige Körbchenmuscheln (*Corbicula* spp.) wirken aber unterstützend.

Hier ist eine Goldene Apfelschnecke, *Pomacea bridgesii*, unterwegs.

13

Pomacea bridgesii
Goldene Apfelschnecke

Herkunft:
Südamerika

Länge:	**4,5 cm**
Breite:	**6,5 cm**
Temp.:	**20–28 °C**
pH:	**> 6,0**
GH:	**5°**

Ernährung:
Allesfresser

Die „Goldene" Apfelschnecke wird mittlerweile in ganz unterschiedlichen Farbvarianten gezüchtet, was sich zunächst auf die Gehäusefarbe, aber auch auf den Fuß bezieht.Vorteilhaft ist ihre Eignung für das Pflanzenaquarium, denn im Gegensatz zu ihrer Verwandtschaft, frisst sie in der Regel nur abgestorbenes Pflanzenmaterial.

Es wurde beobachtet, dass *Pomacea bridgesii* im Wasser durchaus Geschmack an Gelegen anderer Schnecken (zum Beispiel Posthornschnecken) finden kann. Die Eizahl der eigenen Gelege, die oberhalb des Wasserspiegels abgesetzt werden, schwankt zwischen ungefähr 150 und 600 Eiern.

Die Schnecken dieser Art erreichen ein Lebensalter von mehreren Jahren. Es gibt sowohl Männchen als auch Weibchen, weshalb man mehrere Exemplare pflegen sollte, wenn man Wert auf Nachwuchs legt.

Pomacea canaliculata
Gemeine Apfelschnecke

Diese Apfelschnecke ist gegenüber kühleren Wassertemperaturen etwas unempfindlicher als die anderen Arten ihrer Gattung. Sie wurde in viele asiatische Länder zu Speisezwecken eingeführt und ist in die Gewässer gelangt, wo sie heute in der Landwirtschaft enorme Schäden anrichtet. Besonders in Reisfeldern wird sie zur Plage, weil sie die frischen Setzlinge abfrisst. Auch im Aquarium haben Wasserpflanzen kaum eine Chance.

Die Art ist getrenntgeschlechtlich. Ihre Gelege findet man außerhalb des Wassers an den senkrechten Scheiben, manchmal auch an der Abdeckung. Sie umfassen etwa 200 bis 600 Eier. Die Tiere dieser Art können ein Alter von mehreren Jahren erreichen.

Neben der naturfarbenen Form existieren einige weitere Farbvarianten, doch fehlen die spektakulären Gehäusefarben, wie wir sie von *Pomacea bridgesii* kennen.

Herkunft:
Südamerika

Länge:	6,0 cm
Höhe:	7,5 cm
Temp.:	18–26 °C
pH:	> 6,0
GH:	5°

Ernährung:
Allesfresser

Marisa cornuarietis
Paradiesschnecke

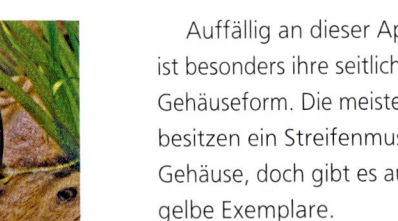

Auffällig an dieser Apfelschnecke ist besonders ihre seitlich abgeflachte Gehäuseform. Die meisten Schnecken besitzen ein Streifenmuster auf dem Gehäuse, doch gibt es auch einfarbig gelbe Exemplare.

Sprichwörtlich ist der Appetit auf pflanzliche Nahrung. So überlebt im Aquarium selbst dann fast keine Wasserpflanze, wenn man den Schnecken regelmäßig Gemüse oder überbrühten Salat reicht. Eigentlich ist es deshalb sinnvoll, auf eine Bepflanzung fast völlig zu verzichten.

Paradiesschnecken sind relativ durchsetzungsfähig: Selbst in Aquarien mit einem Besatz von Malawicichliden können sie sich behaupten. Da die Weibchen die Gelege unter Wasser an Einrichtungsgegenständen absetzen (die Eier sind von einer gallertartigen Masse umgeben und quellen später auf), sollte man aber keine Fische im Becken haben, die dem Schneckenlaich nachstellen.

Marisa cornuarietis können im Aquarium mehr als fünf Jahre alt werden und dabei für zahlreichen Nachwuchs sorgen.

Herkunft:	
Mittel- bis Südamerika	
Breite:	2,0 cm
Höhe:	5,5 cm
Temp.:	14–27 °C
pH:	> 6,5
GH:	5°
Ernährung:	
Allesfresser	

Aselone spixi
Zebra-Apfelschnecke

Die Zebra-Apfelschnecke kommt in subtropischen Regionen Südamerikas vor und ist dort den jahreszeitlichen Temperaturschwankungen angepasst. Wird die Wassertemperatur zu kalt, dringt sie oberflächlich in das Bodensubstrat ein und bleibt so lange bewegungseingeschränkt, bis die Umstände sich wieder ändern. Dieses Verhalten kann man auch im Aquarium beobachten.

Wasserpflanzen wird wenig nachgestellt, wenn man regelmäßig Ersatznahrung mit hohem Pflanzenanteil reicht.

Nach der Paarung setzt das Weibchen im Wasser ein Gelege ab, das von einer gallertartigen Masse umgeben ist. Überwiegend wird es zwischen der Vegetation angeheftet, seltener an den Aquarienscheiben. Die Entwicklungsdauer richtet sich nach der Wassertemperatur.

Aselone spixi kann eine gelbliche bis olivegrüne Körpergrundfarbe besitzen. Darauf befindet sich ein dunkles, individuell ausgebildetes Streifenmuster.

Herkunft:
Südamerika

Breite:	bis 2,5 cm
Höhe:	bis 4,0 cm
Temp.:	16–27 °C
pH:	> 6,5
GH:	5°

Ernährung:
Allesfresser

Sumpfdeckel-schnecken
Viviparidae

Die lebendgebärenden Sumpfdeckelschnecken sind recht ausdauernde und anpassungsfähige Vertreter der Mollusken. Vielleicht kann man sie deshalb mit der Ausnahme von Antarktis und Südamerika auf allen Erdteilen im Süßwasser antreffen. Obwohl sich die Familie aus mehreren Gattungen zusammensetzt, werden in der Aquaristik mit wenigen Ausnahmen fast nur Arten der Gattung *Viviparus* gepflegt. Fünf Spezies dieser Gattung haben ihre natürliche Heimat in Europa und teilen sich je nach Vorkommensgebiet in mehrere Unterarten auf. Seltener halten Schneckenfreunde noch Arten aus den asiatischen Gattungen *Cipangopaludina* und *Filopaludina*.

Die europäischen Sumpfdeckelschnecken gehören mit zu den größten heimischen Wasserschnecken. Die bekannteste Art, *Viviparus viviparus*, besitzt ein großes gerundetes, leicht kegelförmiges Gehäuse. Wenn es nicht beschädigt ist, läuft es relativ spitz aus.

Der dicht schließende Gehäusedeckel (Operculum) ist am Fuß festgewachsen. Er sichert der Schnecke die problemlose Überwinterung. Das Gehäuse ist dickwandig und grünbraun mit drei dunklen Streifen, die aber manchmal fehlen können. Aus dem Freiland entnommene Schnecken besitzen oft auf dem Gehäuse eine Patina aus Algen und anderem Aufwuchs.

Bei Freilandhaltung sind die Gehäuse oft von einer braunen Patina bedeckt; im Hintergrund eine ausgewachsene *Viviparus viviparus*.

Vorkommen und Ernährung

Sumpfdeckelschnecken leben meist bodenorientiert in stehenden bis schwach fließenden Gewässern der Ebene. Oft ist zu beobachten, dass die Populationen in verkrauteten Abschnitten besonders dicht sind. In ihren Biotopen weiden sie Algen- und Bakterienrasen ab. Auch zerfallende Pflanzenteile (Detritus) und Aas stehen auf dem Speiseplan. Manchmal kann man bei Sumpfdeckelschnecken eine außergewöhnliche Form des Nahrungserwerbs beobachten. Sie bilden an der Kiemenbasis eine Art Schleimnetz aus, in dem sich kleine Nahrungspartikel und Teile des Planktons verfangen. Hat sich genug Verwertbares gesammelt, reißt das Netz, die Schnecke verklumpt es und schiebt es aus der Mantelhöhle. Schließlich wird es mitsamt der Beute verzehrt.

Dunkle Männchen der nordamerikanischen Art *Viviparus intertexus* aus Florida.

Fortpflanzung

Alle Sumpfdeckelschnecken sind lebendgebärend, was bereits der Gattungsnamen Viviparus sagt. Sie sind getrennt geschlechtlich und nicht etwa Zwitter, wie viele andere Wasserschnecken. Die äußeren Geschlechtsunterschiede sind recht deutlich: Während beim Weibchen beide Fühler die gleiche Form haben, ist der rechte Fühler beim Männchen dicker, weil er das Begattungsorgan aufnimmt, mit dem die Spermien in das Weibchen übertragen werden. Die befruchteten Eier bleiben im Weibchen und es entwickelt sich in ihnen der Schneckennachwuchs. Dabei ernähren sich die heranwachsenden Embryonen von einer eiweißhaltigen Flüssigkeit. Die Jungen sind stets unterschiedlich entwickelt und werden nacheinander geboren. Sie schlüpfen fast zeitgleich mit der Geburt aus der Eihülle (man bezeichnet dies als ovovivipar).

Viviparus viviparus
Stumpfe Sumpfdeckelschnecke

Herkunft:
West-, Mittel- und
Osteuropa

Größe: bis 4,0 cm

Temp.: 6–27 °C
pH: > 6,4
GH: > 4°

Ernährung:
Allesfresser

Von *Viviparus viviparus* gibt es zwei Unterarten. Man findet die Tiere in geeigneten Gewässern von Frankreich bis nach Skandinavien. Wie Untersuchungen ergaben, setzt sich ihre Nahrung hauptsächlich aus Detritus zusammen, dazu werden höhere Pflanzen und Grünalgen verzehrt.

Im Aquarium tendieren die Schnecken zu Ersatzfutter, während veraltge Scheiben kaum beachtet werden.

Damit sich die Schnecken vermehren, müssen beide Geschlechter im Aquarium vorhanden sein. Anscheinend sind die Sumpfdeckelschnecken bei Temperaturen um 20 °C fortpflanzungswilliger als bei kälteren Wassertemperaturen. Die Streifenzeichnung kann je nach Population leicht voneinander abweichen. Manchmal werden auch Wasserpflanzen nicht als Nahrung verschmäht.

Viviparus intertexus
Runde Sumpfdeckelschnecke

Eine sehr hübsche Schnecke mit manchmal schwarz glänzendem Gehäuse ist *Viviparus intertextus* aus dem Süden der Vereinigten Staaten. Die Art lebt wie ihre europäischen Verwandten vornehmlich in stehenden bis mäßig strömenden Gewässern, wobei besonders gerne verkrautete Flachwasserzonen aufgesucht werden.

Im Aquarium möchte es die Art nicht zu kalt, ideal sind Temperaturen über 20 °C. Belastetes Wasser wird zwar eine Zeitlang ertragen, die Schnecken können aber in Lethargie verfallen. Zufüttern sollte man mit Granulat- oder Tablettenfutter, das etwas zurückhaltend angenommen wird. Gekochter Spinat (ganze Blätter) und Nudelstücke werden ebenso gefressen. Die Vermehrung ist in sauerstoffreichem und unbelastetem Wasser nicht weiter schwierig.

Herkunft:
Südosten der USA

Länge:	**bis 4 cm**
Temp.:	**15–27 °C**
pH:	**5,5–8,0**
GH:	**> 4°**

Ernährung:
Allesfresser

Cipangopaludina chinensis
Chinesische Sumpfdeckelschnecke

Herkunft:
Asien, China bis Japan

Breite: bis 6,0 cm
Länge: bis 6,0 cm

Temp.: 12–28 °C
pH: 6,4–8,2
GH: > 4°

Ernährung:
Allesfresser

Diese asiatsche Art wird dort in einigen Regionen zum menschlichen Verzehr gezüchtet. Als vermehrbares Lebensmittel wurde sie an die Westküste der USA exportiert, wo sie in natürliche Flüsse und Bäche gelangte, die sie nun für sich erobert.

Sie bevorzugt klares Wasser und kommt auf sandigem bis lehmigem Grund zwischen Wasserpflanzenbeständen vor. Im Aquarium vergreift sie sich höchstens an Laichkraut und anderen schmackhaften Pflanzen. Hartblättrige Arten bleiben hingegen unberührt.

Die Vermehrung ist nicht weiter schwierig. Bei abwechslungsreicher Fütterung und etwas wärmerem Wasser kommt der Nachwuchs langsam aber beständig im Aquarium auf, immer natürlich vorausgesetzt, dass bei den Alttieren beide Geschlechter vorhanden sind.

Filopaludrina sumatrensis
Sumatra-Sumpfdeckelschnecke

Diese hübsche lebendgebärende Schnecke kommt als kommerzieller Import aus Indonesien oder Thailand zu uns. Sie mag etwas höhere Temperaturen als ihre europäische Verwandtschaft. Die Minimalgröße des Aquariums sollte bei etwa 25 l liegen.

Die Ernährung ist nicht weiter schwierig. Gefressen wird zu Boden gefallenes Fisch-, Krebs- und Garnelenfutter, egal ob in gefrosteter oder aufbereiteter Form. Wenn die Schnecken ausreichend Nahrung vorfinden und die Wasserwerte in den aufgezeigten Bereichen bleiben, lässt der Nachwuchs nicht lange auf sich warten – falls unter den geschlechtsreifen Schnecken beide Geschlechter vorhanden sind.

Herkunft:
Südostasien

Breite:	bis 3,0 cm
Länge:	bis 3,0 cm

Temp.:	20–30 °C
pH:	6,4–7,8
GH:	> 4°

Ernährung:
Allesfresser

Kahnschnecken
Neritidae

Bei den Arten der Familie Neritidae, handelt es sich häufig um sehr auffällige Mollusken. Einige verfügen über kräftige Farben, andere über ein abwechslungsreiches Zeichnungsmuster und wieder andere schließlich über eine außergewöhnliche Körperform.

In ihren natürlichen Biotopen, den Unterläufen von Fließgewässern, sitzen sie tagsüber versteckt unter Steinen oder Totholz. Dies ändert sich mit Einsetzen der Dämmerung, wenn sich ihre Fressfeinde, die auf Sicht jagen, für die Nacht zurückziehen. Dann werden die Schnecken aktiv und beginnen, auf Nahrungssuche zu gehen. Hauptsächlich weiden sie den Aufwuchs von harten Substraten ab, in der Regel eine Algenschicht mit darin lebenden Kleinstlebewesen.

Diese Eigenschaft macht die Kahnschnecken für die Aquaristik noch interessanter. Im Aquarium fressen sie ebenfalls Algen, wobei die Intensität allerdings unterschiedlich stark ausgeprägt ist. Es muss an dieser Stelle auch darauf hingewiesen werden, dass diese Schnecken nach einiger Zeit nicht mehr ausreichend Nahrung vorfinden. Deshalb sollte mit Futtertabletten und Ähnlichem zugefüttert werden, am besten erst nach Abschalten der Aquarienbeleuchtung. Zwar sind viele Angehörige der Neritidae bei Feindmangel ebenfalls tagaktiv, werden sie aber nicht in einem Artaquarium gehalten, dann machen ihnen unter Umständen die anderen Aquarienbewohner tagsüber das Futter streitig.

Vorkommen

Die meisten Formen der Familie Neritidae, die wir im Süßwasseraquarium halten können, findet man überwiegend entlang der Meeresküsten, in Brackwasserbereichen und in den Unterläufen von Flüssen und Bächen, die im das Meer münden. Weit weniger Formen haben sich auf ein Leben ausschließlich in Süßwasser spezialisiert (zum Beispiel Arten der Gattung *Theodoxus*) oder sind gar zu einer amphibischen Lebensweise übergegangen.

Tiere, die als kommerzielle Importe in den Handel gelangen, stammen fast ausschließlich aus Asien beziehungsweise dem pazifischen Raum. Momentan sind Indonesien und Singapur die häufigsten Exportländer, doch ist nicht auszuschließen, dass andere noch hinzu kommen. Leider sind manche der neuen, oft besonders hübsch aussehenden Formen, für unsere Zwecke nicht oder nur bedingt geeignet, weil sie sich nicht dauerhaft im Süßwasser halten, doch das erfährt auch der Importeur immer erst, wenn er die Schnecken in ein Aquarium eingesetzt hat und dann eigene Erfahrungen sammeln kann.

Allgemeine Pflegehinweise

Wer diese Schnecken anschaffen möchte, sollte mehrere Dinge berücksichtigen, denn sonst kann die Bekanntschaft mit den Tieren recht kurz sein. Als wichtiges Kriterium sei da zunächst die richtige Temperatur genannt, die keinesfalls länger unter 20 °C fallen sollte. Selbst um 20 °C werden die meisten asiatischen Arten schon sehr unbeweglich. Wesentlich besser sind da Hälterungstemperaturen im Bereich von 24 bis 28 °C.

Aufmerksamkeit ist auch der Wasserhärte und dem pH-Wert zu schenken. Wie bereits erwähnt, sind Formen aus dem Mangrovengürtel

manchmal auf Brackwasser angewiesen, aber auch die Tiere aus den Unterläufen der Fließgewässer leben in Wasser, das nicht gerade Schwarzwassercharakter besitzt.

Im Aquarium halten sich diese Schnecken oft über Jahre vollkommen problemlos, wenn das Wasser zumindest mittelhart (besser ist oft hartes Wasser) ist und der pH-Wert deutlich über dem Neutralpunkt von pH 7 liegt. Mit solchen Werten kommt zum Glück das Wasser in vielen Gegenden Deutschlands aus der Leitung, und wo das nicht der Fall ist, kann man durch Aufhärten nachhelfen. Die Karbonathärte (KH) lässt sich mit Natriumhydrogenkarbonat, die Gesamthärte (GH) mit Calciumsulfat erhöhen.

Anatomie

Die verfügbaren Formen besitzen meist ein flach spiralig aufgerolltes Gehäuse mit wenigen Umgängen. Weiter ist es spindellos mit gerade ausgebildeter Mündung. Diese kann von der Schnecke durch ein Operculum verschlossen werden. Die Gehäuse der Kahnschnecken besitzen eine dicke Schale und sind deshalb relativ schwer. Von der Form her bieten sie nur wenig Strömungswiderstand.

Durch die spezielle Gehäuseform und den meist kurzen Fuß haben die meisten Schnecken dieses Verwandtschaftskreises ein großes Manko, einen fast schon lebensgefährlichen

Schwachpunkt: Sie können sich ohne fremde Hilfe nicht drehen, wenn sie auf dem Rücken liegen, und sind in dieser Position zum Tode verurteilt. In der Natur scheint dieses Problem kaum aufzutauchen, was vielleicht an der Strömung liegt, durch die das Tier wieder gedreht wird. Solche Bedingungen liegen im Aquarium oft nicht vor, und so treten besonders beim Einsetzen Verluste auf, wenn die Tiere ins Wasser gesetzt werden und sie am Boden auf dem Rücken landen. Deshalb: Nehmen Sie sich die Zeit und drehen Sie die Schnecken in die richtige Lage.

Fortpflanzung

Sämtliche Formen dieses Verwandtschaftskreises sind getrennt geschlechtlich, es gibt also Männchen und Weibchen. Das Geschlechtsorgan des Männchens, der Penis, befindet sich unter dem rechten Fühler, ist aber wegen des meist eng anliegenden Gehäuses nur schwer zu erkennen. Nach der inneren Befruchtung setzt das Weibchen eine Vielzahl von Eikapseln ab, die an alle möglichen Dekorationsgegenstände einschließlich der Aquarienscheiben und Gehäuse anderer Schnecken angeheftet werden. Jede einzelne Kapsel beinhaltet zahlreiche Eier.

Bei den marinen und den meeresnah lebenden Arten schlüpfen nach einer Entwicklungszeit, die artspezifisch unterschiedlich ist, winzige schwimmfähige Larven, die als Veliger bezeichnet werden. Sie werden für eine gewisse Zeit Teil des Planktons und ernähren sich schwimmend von noch kleineren Mikroorganismen. Mit fortschreitendem Wachstum bilden sie ihr Gehäuse weiter aus und stellen sich auf die typische kriechende Lebensweise um. Die Formen aus den Mündungsbereichen dringen dann wieder in Fließgewässer ein.

Inlandsarten der Kahnschnecken sind oft reine Süßwasserformen. Ihre Fortpflanzungsstrategie weicht leicht ab, indem sich in jeder Eikapsel nur eine oder wenige Schnecken entwickeln, die sich von den übrigen Eiern ernähren. Beim Schlupf sind diese Schnecken bereits voll ausgebildet und selbstständig. Ein Heranwachsen im Meer ist damit nicht nötig.

Sehr auffällig sind die stachelartigen Gehäuseauswüchse bei Angehörigen der Gattung *Clithon*.

Individuelles Aussehen

Die Schnecken vieler Arten dieses Verwandtschaftskreises besitzen ein individuell gefärbtes und gezeichnetes Gehäuse. Das führt manchmal so weit, dass man meint, selbst in den Tieren einer Population Angehörige unterschiedlicher Arten zu erkennen.

Sich verändernde Umweltbedingungen haben oft einen direkten Einfluss auf das Gehäuse. Der Zuwachs kann plötzlich ein völlig anderes Muster oder eine ganz andere Farbe hervorbringen. Auch dies macht die Schnecken der Familie Neritidae so unverwechselbar.

Deutsche Bezeichnungen

Je nach Art beziehungsweise Gattung werden die Schnecken der Familie Neritidae im Hobby mit unterschiedlichen Namen bezeichnet. Gebräuchlich sind zum Beispiel Rennschnecke, Muschelschnecke, Napfschnecke und Stachelrennschnecke, um nur einige zu nennen.

Neritina pulligera

Schwarze Kugel-Rennschnecke

Diese Art ist sicherlich keine auffällige Schönheit, doch besitzt sie zwei wichtige Eigenschaften: Sie ist hinsichtlich der Wasserwerte sehr anpassungsfähig und macht sich auch über Bart- beziehungsweise Pinselalgen her, selbst wenn diese an Blatträndern von Javafarn- oder *Anubias*-Beständen sitzen.

In stark mit Algen befallenen Aquarien sollte man beim Einsatz von wenigen Tieren keine Wunderdinge erwarten. Die Schnecken „funktionieren" zwar, aber sie werden das Becken kaum algenfrei bekommen. Die Vorbeugung durch den Einsatz unmittelbar nach der Aquarieneinrichtung ist hier die bessere Alternative.

Die Vermehrung im Aquarium ist bei dieser Art bis heute leider noch nicht geglückt. Dafür ist sie aber im Aquarium bei zusagenden Bedingungen sehr haltbar und kann acht bis zehn Jahre alt werden.

Herkunft:
Zuflüsse des Pazifik

Breite:	bis 2,5 cm
Länge:	bis 2,5 cm
Temp.:	14–27 °C
pH:	> 7,0
GH:	8°

Ernährung:
Aufzucht, Algen, bedingt Kunstfutter

Vittina coromandeliana
Zebra-Rennschnecke

Die Zebra-Rennschnecke ist tagsüber eine sehr gemächliche Schnecke, die oft für Stunden bewegungslos im Aquarium sitzen kann. Eindeutig liegt ihre Aktivitätsphase eher in den Nachtstunden.

Äußerlich zeigt sie sich sehr variabel, vor Allem was den Reiz ausmacht, sie zu pflegen. Gefressen werden Braun- und Grünalgen, doch sollte in kleineren Aquarien, in denen nicht viele Algen vorhanden sind, zugefüttert werden.

An Wasserpflanzen vergreift sich die Zebra-Rennschnecke nicht. Leider ist sie bisher im Aquarium noch nicht nachgezogen worden, was ohne ein Umsetzen der frisch geschlüpften Larven in Brack- oder gar Meerwasser auch nicht möglich sein dürfte.

Herkunft:
Südostasien

Breite:	bis 2,5 cm
Länge:	bis 2,5 cm
Temp.:	20–27 °C
pH:	6,8–8,2
GH:	> 5°

Ernährung:
Algen, Aufwuchs, Ersatzfutter

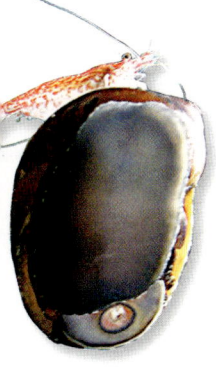

Vittina semiconica
Ornament-Rennschnecke

Die Gehäusefarbe dieser Schnecke kann orange- bis olivefarben sein. Darauf befindet sich ein dunkles Punkt- und Strichmuster. Die Art fühlt sich bei Temperaturen ab 24 °C deutlich wohler als in kühler Umgebung.

Da diese Schnecken, wie viele andere Arten des Verwandtschaftskreises auch, vorübergehend das Wasser verlassen können, sollte man das Aquarium immer gut abdecken. Heimlich entkommene Tiere haben keine große Überlebenschance, da sie trotz eines Gehäusedeckels schnell austrocknen.

Die Einrichtung ist für die Tiere zweitrangig. Lediglich auf ein scharfkantiges Bodensubstrat sollte man zugunsten der Schnecken verzichten. Wasserpflanzen werden nicht beschädigt, Garnelen oder kleine Fische bleiben vollkommen unbehelligt.

Herkunft:
Indonesien

Breite:	2,5 cm
Länge:	2,5 cm
Temp.:	20–27 °C
pH:	6,8–8,2
GH:	> 5°

Ernährung:
Algen, Detritus, Ersatzfutter

Vittina variegata
Batikschnecke

Herkunft:
Pazifik, tropische
Bereiche

Größe: 3,0 cm

Temp.:   20–27 °C
pH: 7,0–8,2
GH: > 10°

Ernährung:
Algen, Aufwuchs,
bedingt Ersatzfutter

Diese Schnecke scheint sich im Süßwasser nicht dauerhaft wohl zu fühlen. Man sollte deshalb mit einem Salzwasserzusatz bis etwa 20 Prozent arbeiten. Wer einen Gartenteich besitzt, kann in ihm Steine veralgen lassen und diese später in das Aquarium zurück setzen, dann haben die Schnecke viel Fläche abzuweiden. Wenn zugefüttert werden muss, dann sollte das nach dem Abschalten der Beleuchtung geschehen.

Auch diese Schnecke kann man mit Kleingarnelen oder Fischen vergesellschaften. Allerdings mag die Batikschnecke keine Tiere, die an ihr herumzupfen. Schlechte Bedingungen quittiert sie mit dem Rückzug in ihr Gehäuse, in dem sie für Stunden verschwinden kann. Manchmal verlässt sie auch das Wasser und heftet sich dann an die Aquarienscheiben oder sogar die Abdeckung.

Septaria porcellana
Muschelschnecke

Die Gehäuseform von *Septaria porcellana*, in der Umgangssprache oft als Muschelschnecke bezeichnet, erinnert an einen Schildkrötenpanzer. Es ist erstaunlich, wie schnell sich diese Schnecke auf glattem Untergrund vorwärts bewegen kann. Wegen ihrer Fressleistung ist sie erste Wahl, wenn es um algenfreie Glasscheiben geht, doch dehnt sie ihre Putztätigkeit auch auf die Einrichtung des Aquariums aus, soweit der Untergrund nicht zu unangenehm für sie ist. Leider ist sie auf Algennahrung äußerst spezialisiert und geht kaum an anderes Futter. So sollte man regelmäßig veralgte Steine in das Aquarium legen.

Laut Literaturhinweisen ist diese Art sogar schon im Süßwasser nachgezogen worden. Leider konnten wir aber keine näheren Hinweise dazu finden. Vorsicht bei der Abnahme von der Aquarienscheibe. Die kleinen Schnecken können sich sehr fest ansaugen.

Herkunft:
Indonesien bis Japan

Breite:	2,5 cm
Länge:	2,5 cm
Temp.:	20–27 °C
pH:	6,8–8,0
GH:	> 5°

Ernährung:
Spezialisierter Algenfresser

35

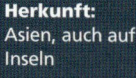

Clithon sp.
Schwarzgelbe Geweihschnecke

Die Geweihschnecken der Gattung *Clithon*, die manchmal auch Stachel- oder Hörnchenschnecke genannt werden, sehen mit ihren stacheligen Gehäuseauswüchsen recht auffällig aus, wobei diese Erscheinung manchmal noch von einer attraktiven Färbung unterstützt wird. Leider werden meist nur Grün- und Braunalgenbestände abgeweidet, und das relativ langsam. So lange die Tiere nicht zu leicht an andere Nahrung wie Futtertabletten gelangen, beschäftigen sie sich aber doch mit dem unerwünschten Aufwuchs.

Wasserpflanzenbestände werden nicht geschädigt. Über eine gelungene Nachzucht liegen noch keine Informationen vor.

Gerade bei der Gattung *Clithon* ist die Artbestimmung äußerst schwierig. Die hier abgebildeten Tiere konnten zum Beispiel noch nicht eindeutig einer beschriebenen Art zugeordnet werden, obwohl sie manchmal als *Clithon carona* bezeichnet werden.

Herkunft:
Asien, auch auf Inseln

Breite: ca. 2,0 cm
Länge: ca. 2,0 cm

Temp.: 20–28 °C
pH: 7,0–8,0
GH: > 8°

Ernährung:
Algen, Aufwuchs, bedingt Ersatzfutter

Posthorn- und Tellerschnecken
Planorbidae

Wenn es Schnecken gibt, die unverhofft im Aquarium auftauchen und hier schnell zur (optischen) Plage werden, dann sind es meist Angehörige der Familie Planorbidae, unter der man die Arten zusammenfasst, die umgangssprachlich einfach als Teller- oder Posthornschnecken bezeichnet werden. Oft wurden Jungtiere oder Gelege, die an Wasserpflanzen angeheftet waren, in das Aquarium eingeschleppt.

Diese zu den Wasserlungenschnecken gehörende Familie ist mit etwa 40 Gattungen und 300 Arten sehr umfangreich. So trifft man ihre Vertreter praktisch auf jedem Erdteil an. Auch bei uns in Mitteleuropa lebt eine Reihe von einheimischen Arten dieses Verwandtschaftskreises, mittlerweile ergänzt um weitere eingeschleppte Arten.

Was die Bestimmung dieser Schnecken so schwierig macht, ist die offensichtliche Bastardisierung verschiedener Spezies. So ist es praktisch unmöglich, vom bloßen Aussehen her ein Exemplar der im Aquarium als Posthornschnecke gehaltenen Tiere einer bestimmten Art zuzuordnen.

Seit es Posthornschnecken in attraktiven Farben gibt, hier zum Beispiel rosafarbene Tiere, werden sie für viele Aquarianer noch attraktiver.

Vorkommen

Teller- und Posthornschnecken trifft man am häufigsten in stehenden bis langsam fließenden Gewässern an. Dort sitzen sie meist zwischen der Vegetation oder auf Einlagerungen aus Totholz beziehungsweise Falllaub. Auch im Gartenteich können sie starke Populationen bilden.

Ernährung

Die kleinen Wasserschnecken sind in der Natur Allesfresser, die selbst vor Aas nicht Halt machen. Genauso ernähren sie sich aber von Aufwuchs oder Detritus und machen sich ebenfalls über Algen und verrottendes Pflanzenmaterial her. Im Aquarium verhalten sie sich sehr friedfertig und gehen bei ausreichender Versorgung nicht an die Bepflanzung. Erst wenn länger keine Nahrung mehr verfügbar war, fangen sie an, auch lebendes Blattgrün zu fressen.

Wer diesen Schnecken etwas Gutes tun will, der nimmt Brennnesselblätter, Spinat oder Mangold und lässt diese in einem Topf mit kochendem Wasser für etwa vier Minuten schwimmen. Dadurch sind die Zellwände der Blätter so weich geworden, dass sie von den Schnecken nach der Abkühlung sehr gut verwertet werden können. Selbstverständlich wird Fischfutter in jeglicher Form, also auch Frostfutter, von diesen Allesfressern angenommen. Verfügt die Nahrung über einen starken Eigengeruch, dann versammeln sich die Schnecken aus dem gesamten Aquarium innerhalb weniger Minuten um die zu Boden gesunkene Nahrung. Eine gute Gelegenheit, den Schneckenbestand des Beckens zu kontrollieren.

Diese kleine Auswahl zeigt, wie variabel die Posthornschnecken gefärbt sein können.

Vermehrung

Wie alle Wasserlungenschnecken sind auch die Tellerschnecken als Zwitter angelegt. Es ist nachgewiesen, dass es dadurch in vielen Gewässern nicht nur zur Fortpflanzung nach Fremdbefruchtung sondern auch durch Eigenbefruchtung kommt.

Bei Einzelexemplaren einiger Arten wird kein Penis ausgebildet, wodurch dann nur Weibchen vorhanden sind. Das ist für den Arterhalt allerdings unproblematisch, da ja noch die Möglichkeit der Selbstbefruchtung bleibt.

Die Eier der Posthorn- und Tellerschnecken werden in Gelegeform an Pflanzen und sonstigen Einrichtungsgegenständen abgesetzt, selbst an den Aquariumscheiben sind sie zu finden. Das Gelege besitzt meist eine runde bis nierenförmige Gestalt. Zu Anfang sind Eier und sie umgebende Gallerte durchsichtig klar, was die Beobachtung enorm vereinfacht. Bald kann man dann zusehen, wie sich in den 10 bis 30 Eiern die kleinen Schnecken nach und nach bis zum Schlupf entwickeln.

Einheimische Posthornschnecken im Aquarium und am natürlichen Standort.

Zuchtformen

Bei der permanenten Präsenz, die diese Schnecken in der Aquaristik besitzen, ist es nicht verwunderlich, dass man hin und wieder auf farblich abweichende Exemplare stößt. So gelang es züchterisch ambitionierten Aquarianern inzwischen, eine ganze Reihe von Farbvarianten zu züchten, die zum Großteil auch erbfest sind. Lediglich bei manchen Schnecken mit blaugrauer Gehäusefarbe scheint es so zu sein, dass die Intensität des Blaus von den Wasserwerten und der Ernährung bestimmt wird, verändern sich diese Parameter, dann können die Schnecken schnell wieder eine andere Gehäusefarbe annehmen.

Planorbella duryi
Bunte Posthornschnecke

Diese Zwergschnecke hat sich ein riesiges Verbreitungsgebiet erkämpft. Überwiegend liegt das auf der nördlichen Erdhalbkugel, doch gibt es auch nachgewiesene Populationen in Südamerika. In das Aquarium erst einmal eingeschleppt, vermehrt sich die Art so lange gut, wie sie keinen direkten Nahrungskonkurrenten hat. Sind andere, durchsetzungskräftigere Arten vorhanden, dann nimmt ihr Bestand oft schnell ab und manchmal verschwinden sie ganz. Meist kommen die Tiere mit dem dünnen Biofilm als Nahrungsgrundlage aus, der sich auch im Aquarium an den Scheiben, auf Pflanzen und Dekorationsgegenständen bildet. Man sieht die Schnecken aber auch das Substrat nach Fressbarem absuchen. Dabei werden zum Beispiel Futterreste gefressen, die andere Tiere nicht mehr verwerten.Die Generationenfolge dieser als Zwitter lebenden, deckellosen Schneckenart ist relativ schnell. Aus den kleinen Gelegen, die meist nur zehn bis dreißig Eier umfassen, schlüpft bereits nach zehn bis zwölf Tagen der Nachwuchs, der bei zügigem Wachstum im dritten Lebensmonat die Geschlechtsreife erreichen kann.

Herkunft:
Nördliche Hemisphäre

Höhe:	**2,5 cm**
Breite:	**0,5 cm**
Temp.:	**10–28 °C**
pH:	**5,5–8,5**
GH:	**> 2°**

Ernährung:
Aufwuchs, Algen, Ersatzfutter

Planorbarius corneus
Posthornschnecke

Herkunft:
Europa

Breite:	**0,8 cm**
Länge:	**0,1 cm**
Temp.:	**12–27 °C**
pH:	**6,0–8,2**
GH:	**> 4°**

Ernährung:
Aufwuchs, Algen,
Ersatzfutter

Die Posthornschnecke ist eine Ausnahmeerscheinung unter den europäischen Wasserschnecken. Als einzige Art besitzt sie den Blutfarbstoff Hämogoblin, der es ihr ermöglicht, so viel Sauerstoff zu binden, dass sie auch in sauerstoffarmen Gewässern überleben kann.

Im Aquarium ist die Vermehrungsrate ohne Fressfeinde enorm. Als Zwitter angelegt, genügt bereits ein einzelnes Exemplar, um eine sich ständig vergrößernde Population zu begründen. Die Allesfresser ernähren sich von Abfallprodukten, sind aber auch schnell zur Stelle, wenn Futter zu Boden fällt. Ihre Lebenserwartung im Aquarium liegt bei etwa drei Jahren, was eine Garantie für zahlreiche Nachkommen ist. Durch Zuchtauswahl ist es inzwischen gelungen, zahlreiche stabile Farbformen zu erzielen. So gibt es neben Schnecken mit braunen Gehäusen und rotem Fuß beispielsweise auch die attraktiven Gehäusefarben Rosa, Hellblau und Grau. Möglicherweise existieren inzwischen aber auch Kreuzungen mit anderen Arten des Verwandschaftskreises, beispielsweise mit *Planorbella duryi*.

Turmdeckel-
schnecken

In der Aquaristik haben sich für Tiere und Pflanzen meist länderspezifische Trivialnamen gegenüber den wissenschaftlich korrekten Artnamen durchgesetzt. Das mag aus den Augen des Hobbyaquarianers betrachtet nicht schlimm und vielleicht sogar die bessere Alternative sein, wenn man sich aber intensiver mit bestimmten Lebewesen beschäftigen möchte, dann ist es einfach besser, länderübergreifende Bezeichnungen zu benutzen, wie sie uns die Systematik bietet.

Ein Beispiel für die Ungenauigkeit umgangssprachlicher Namen ist der Begriff Turmdeckelschnecke. Er steht zwar auch für die Süßwasserschneckenart *Melanoides tuberculatus*, leider aber wird er als Sammelbegriff für fast jede Schneckenart benutzt, die nur ungefähr eine getürmte Form und einen Deckel besitzt. Wie Frank Köhler in „Caridina" (Heft 2, 2007) treffend schreibt, passen diese Eigenschaften auf Tausende Taxa von Caenogastropoden, die das Meer- oder Süßwasser bewohnen.

Eine Gruppe von Turmdeckelschnecken ist zum Fressen aus dem Bodengrund gekrochen.

Wir wollen uns hier mit einigen Süßwasserformen beschäftigen, die ebenfalls unter den Sammelbegriff Turmdeckelschnecke fallen. Da nicht alle näher miteinander verwandt sind oder in unterschiedlichen Familien beziehungsweise Gattungen gelistet werden, gehen wir hier eher nach ihrer systematischen Einteilung vor.

Den Anfang machen einige Arten der Familie Thiaridae, denn sie besitzen die wohl aquaristisch größte Verbreitung, auch ist *Melanoides tuberculatus*, der Inbegriff einer Turmdeckelschnecke, in dieser Verwandtschaft zu finden. Die meisten dieser klein bleibenden Arten verschwinden tagsüber im Bodengrund und kommen nur zur Nahrungsaufnahme oder bei widrigen Umständen aus dem Substrat. Allgemein sind diese Arten sehr tolerant gegenüber den meisten Umweltbedingungen und deshalb gerade für Anfänger in der Schneckenhaltung zu empfehlen.

Aus der Familie Pachychilidae erregen derzeit besonders die Arten zweier Gattungen die Aufmerksamkeit der Liebhaber, das sind zum einem die Vertreter der asiatischen Gattung Brotia, die überwiegend aus Fließgewässern stammen und Strömung im Aquarium bevorzugen, zum anderen sind es die endemisch auf Sulawesi lebenden Angehörigen der Gattung Tylomelania. Sie gelten eher als Schnecken für den Spezialisten, denn ihre Haltung gilt als nicht ganz einfach. Wir haben ihnen einen eigenen Abschnitt gewidmet.

Kronenschnecken
Thiaridae

Mit der Eingrenzung, dass die Schnecken der Familie Thiaridae nur bei entsprechend warmen Wassertemperaturen auf Dauer lebensfähig sind, was ihre geografische Verbreitung letztendlich bestimmt, haben wir hier echte Kosmopoliten vor uns, wofür der Mensch und vielleicht sogar besonders der Aquarianer die Hauptverantwortung trägt. Die tagsüber überwiegend im Substrat lebenden Schnecken sind auch sehr einfach zu übersehen, weshalb sie die meisten Aquarianer unbewusst über Wasserpflanzen und deren Wurzelwerk in ihre Becken einschleppen.

Durch ihre Genügsamkeit und die versteckte Lebensweise sollten sie Bewohner in jedem Aquarium sein, denn sie vergreifen sich selbst nicht am zartesten Grün und beugen durch ihre Lebensweise einer Verdichtung des Substrats vor.

Vom Biologischen her handelt es sich um eine sehr interessante Artengruppe.

Die Tiere sind getrennt geschlechtlich angelegt. Trotzdem können sich die Weibchen ohne fremde Beteiligung vermehren, man spricht hier von Parthenogenese (Jungfernzeugung), einem Phänomen, das bei Wasserlebewesen nicht ungewöhnlich ist. Die Fortpflanzungszyklen sind kurz und ergiebig, weshalb es ohne Fressfeinde früher oder später zu einem steilen Anstieg der Populationsdichte kommen kann.

Die Eier dieser Schnecken entwickeln sich im Schutz des Gehäuses. Bei der Geburt werden fertige kleine Jungschnecken freigesetzt, die sich bereits nach kurzer Zeit im Becken verteilen. Sie ernähren sich davon, was das Aquarium ihnen bietet: Detritus, bestimmte Algen, abgestorbene Pflanzenteile und selbstverständlich die meisten Sorten von Ersatzfutter werden bewältigt.

Kronenschnecken wirken durch ihre Lebensweise der unerwünschten Bodenverdichtung entgegen.

Fotos: C. Lukhaup

45

Melanoides tuberculatus
Turmdeckelschnecke

Herkunft:
Ursprünglich Afrika, Asien

Breite:	0,7 cm
Länge:	< 3,0 cm
Temp.:	18–30 °C
pH:	5,5–8,5
GH:	> 3°

Ernährung:
Algen, Detritus, Aas, Ersatzfutter

Die Turmdeckelschnecke wurde unter Beteiligung des Menschen praktisch in fast allen tropischen und subtropischen Gewässern heimisch, selbst bei uns in Mitteleuropa kommt sie in einigen permanent warmen Biotopen vor.

Obwohl die Art getrennt geschlechtlich angelegt ist, können sich die Weibchen durch Jungfernzeugung (Parthenogenese) ohne Zutun eines Männchens vermehren.

Der Nachwuchs, der von den lebendgebärenden Schnecken in Schüben zwischen sechs und zehn Tagen abgesetzt wird, entspricht dabei genetisch vollkommen seiner Mutter.

Turmdeckelschnecken wirken sich durch ihre Grabetätigkeit positiv auf das Bodensubstrat und das Pflanzenwachstum aus. Sie gelten außerdem als Indikator für die Wasserqualität, denn wenn die tagsüber normalerweise im Substrat lebenden Tiere in großer Zahl die Glasscheiben empor kriechen, liegen meist ernste Probleme im Aquarium vor. Das Höchstalter dürfte etwa drei Jahre betragen.

Tarebia granifera
Stachelige Turmdeckelschnecke

Auch diese Art wurde vom Menschen in viele Gewässer der Tropen und Subtropen verschleppt. Als anspruchslose Wasserschnecke konnte sie viele neue Lebensräume erobern und dringt in Flussunterläufen manchmal sogar bis ins Brackwasser vor.

Farblich ist sie fast noch variabler als ihre nächsten Verwandten, von denen sie sich zum Beispiel durch kleinen Erhebungen im Gehäuse unterscheidet, was ihr die deutsche Bezeichnung „Nöppie" eingebracht hat.

Das Fortpflanzungsverhalten entspricht dem der anderen Arten der Familie: Wenn kein Männchen vorhanden ist, kann das Weibchen sich selbst reproduzieren. Dadurch und durch die schnelle Generationenfolge von knapp drei Monaten bilden sich im Aquarium schnell große Schneckenkolonien.

Geschlechtsreif wird der einzeln abgesetzte Schneckennachwuchs ab einer Größe von ungefähr sechs Millimetern. Das Höchstalter der Tiere dürfte im Aquarium zwischen drei und vier Jahre betragen.

Herkunft:
Indonesien bis Japan

Breite:	ca. 1,3 cm
Länge:	bis 2,5 cm
Temp.:	20–30 °C
pH:	6,0–8,2
GH:	> 3°

Ernährung:
Algen, Detritus, Aas, Ersatzfutter

Thiara winteri
Stachelige Turmdeckelschnecke

Diese Schnecke besitzt als Wildfang noch gut ausgebildete Spitzen (Auswüchse am Gehäuse), diese flachen aber im Aquarium von Generation zu Generation weiter ab, bis nur noch leichte Erhebungen vorhanden sind. Attraktiv sind auch die hellen Sprenkel auf dem Gehäuse.

Die Stachelige Turmdeckelschnecke vermehrt sich überwiegend durch Jungfernzeugung. Meist werden gleichzeitig zwischen 10 und 30 sehr kleine Jungschnecken ins Leben entlassen.

Im Aquarium ist die Art nicht anspruchsvoll und benötigt nur eine separate Fütterung, wenn sie allein gehalten wird. Ansonsten begnügt sie sich mit Futterresten, abgestorbenen Pflanzenteilen und Algen, die sie vorsichtig abweidet.

Auch diese Schnecke lebt boden- beziehungsweise substratorientiert. Ihr Nutzen übertrifft im Allgemeinen alle Nachteile, die ihr oft nachgesagt werden.

Herkunft:
Indonesien bis Japan

Breite:	**0,8 cm**
Länge:	**< 2,5 cm**
Temp.:	**20–30 °C**
pH:	**6,0–8,2**
GH:	**< 3°**

Ernährung:
Algen, Detritus, Aas, Ersatzfutter

Dicklippenschnecken
Pachychilidae

Die Schneckenfamilie Pachychilidae besteht aus zahlreichen Gattungen, *Adamietta, Brotia, Paracrostoma, Pseudopotamis* und *Tylomelania*. Vielen ihrer Angehörigen sind die Gehäuseform und der Deckel gemeinsam, wie wir sie auch von den Turmdeckelschnecken her kennen. Wahrscheinlich aus diesem Grund werden sie umgangssprachlich ebenfalls mit dem Namenszusatz Turmdeckelschnecke belegt.

In letzter Zeit waren es vor allem Arten der Gattungen *Brotia* und *Tylomelania*, die wegen ihrer teilweise skurrilen Gehäuseformen, -farben und -muster in das Blickfeld der Schneckenfreunde rückten. Dabei sind die Vertreter der beiden Verwandtschaftsgruppen, was ihre Ansprüche an die Haltung anbetrifft, sehr unterschiedlich, weshalb wir sie hier getrennt voneinander abhandeln wollen.

Die Pagodenschnecke, *Brotia pagodula*, bevorzugt nicht ganz so warme Wassertemperaturen.

Arten der Gattung *Brotia*

Allgemeines

Oft wird *Brotia armata* als Beifang anderer Arten von Asien nach Deutschland importiert.

Das Verbreitungsgebiet dieser Schnecken liegt in Asien. Je nach Art leben sie in ihnen zusagenden Biotopen von den Vorgebirgen des Himalaya in Nordindien bis nach Sumatra im Osten. Viele Formen besitzen dabei ein sehr begrenztes Vorkommen, das manchmal sogar nur aus dem Oberlauf eines bestimmten Flusses besteht. Es versteht sich, dass gerade solche Endemiten in ihrem Bestand stark gefährdet sind, wenn es in ihrem Lebensraum zu drastischen Veränderungen kommt, wie das etwa bei menschlichen Eingriffen in den Naturhaushalt der Fall ist.

Natürliche Lebensräume

Obwohl einige wenige Arten der Gattung auch in Seen vorkommen, lebt der größte Teil der Verwandtschaft doch in strömungsreichen Flussabschnitten, in denen das Wasser hohe Sauerstoffwerte aufweist. Wasserbelastungen sind hingegen kaum messbar, was allerdings auch bei den Oberläufen nicht anders zu erwarten ist. Die Wassertemperatur hält sich bei Durchschnittswerten zwischen 20 und 25 °C ebenfalls in moderaten Bereichen.

Im Aquarium für *Brotia*-Arten sollte eine merkbare Strömung vorhanden sein. Für die Haltung in techniklosen Becken sind diese Schnecken weniger geeignet. Wichtig für den Aufbau des Gehäuses ist kalkhaltiges Wasser, weshalb Halter gerade mit mittelhartem Wasser gute Erfolge vermelden können. Zu achten ist auch auf nicht zu hohe Temperaturen von maximal 25 °C, was einzuhalten in mancher Dachgeschosswohnung im Sommer problematisch werden könnte. Hier hilft es eventuell vorübergehend, das Wasser zusätzlich zu belüften, eine Dauerlösung ist das aber nicht.

Ernährung

Alle *Brotia*-Arten ernähren sich von Aufwuchs und Detritus, den sie am liebsten vom harten Untergrund abweiden. Man findet sie bei der Nahrungsaufnahme regelmäßig an Steinen, Holz und den Aquariumscheiben. Auch am Aquariumboden gehen sie auf Nahrungssuche, weshalb das Substrat auf keinen Fall aus scharfkantigem Material bestehen sollte. Mit der Zeit finden sich die Tiere in Artaquarien oder in Becken mit ansonstem ruhigen Besatz auch an Futterstellen ein, wenn zusätzliche Nahrung (z. B. Futtertabletten) gereicht wird.

Pagodenschnecken besitzen ein mächtiges, von Auswüchsen verziertes Gehäuse.

Vermehrung

Alle Formen der Gattung *Brotia* sind getrennt geschlechtlich, wobei Männchen und Weibchen äußerlich nicht zu unterscheiden sind. Im Gegensatz zu den Arten der Familie Thiaridae, wo sich auch Einzelexemplare ungeschlechtlich fortpflanzen können, benötigt man für die Vermehrung dieser Schnecken zumindest ein Tier jedes Geschlechts. Um ganz sicher zu sein, empfiehlt sich der Ansatz einer kleinen Gruppe.

In der Natur fällt die Fortpflanzungszeit dieser Tiere in die Frühjahrsmonate, wenn in den Gebieten mit Monsunklima die Wintertrockenzeit mit heftigen Regenfällen beendet wird. Es bleibt zu hoffen, dass man bei Aquariumhaltung diesen jährlichen Fortpflanzungszyklus verändern kann, denn dann würden vielleicht regelmäßige Nachzuchten den neuerlichen Import von Wildfängen unnötig machen.

Die Produktivität ist von Art zu Art unterschiedlich. Vermeldet sind bei den lebendgebärenden *Brotia* Würfe zwischen 10 und über 200 Jungschnecken, was bei einmaliger Vermehrung pro Jahr nicht gerade viel erscheint.

Bei der Vergesellschaftung von *Brotia*-Arten mit Zwerggarnelen gibt es bisher keine Probleme.

Brotia armata
Bewaffnete Turmdeckelschnecke

Diese Schnecke sieht mit ihrem stachelbewehrten Gehäuse schon sehr kämpferisch aus, ist aber eigentlich eine ganz friedliche Art. Einer gemeinsamen Haltung mit Zwerggarnelen und nicht zu temperamentvollen Kleinfischen steht also nichts im Wege.

Brotia armata bevorzugt einen harten Untergrund, den sie bei Tage und in der Nacht nach Nahrung absucht. Im Aquarium kommen die Schnecken meist schon mit den Futterresten des übrigen Besatzes aus.

Will man sie verwöhnen, dann kann man zusätzlich Nahrung in Form von Fischfutter reichen.

Das Wasser sollte nicht über 25 °C warm sein. Hohe Wasserbelastungen vertragen diese Schnecken nicht, weshalb regelmäßige Wasserwechsel und ein solider Filter unabdingbare Voraussetzungen für die längerfristige Pflege sind. Die Art ist bereits mehrfach nachgezogen worden. Bei der Geburt sind die Jungschnecken etwa vier bis fünf Millimeter lang.

Herkunft:	
Thailand, Kaek River	
Breite:	**2,5 cm**
Breite:	**4,0 cm**
Temp.:	**20–26 °C**
pH:	**6,8–8,2**
GH:	**4–15°**

Ernährung:
Aufwuchs, Detritus, Ersatzfutter

Brotia pagodula
Pagodenschnecke

Herkunft:
Thailand, Myanmar

Länge:	**4,4 cm**
Breite:	**2,5 cm**
Temp.:	**21–25 °C**
pH:	**6,8–8,2**
GH:	**4–15°**

Ernährung:
Aufwuchs, Detritus,
Ersatzfutter

Die Pagodenschnecke ist die wohl beeindruckendste Art ihrer Gattung. Mit dem stacheligen, dickwandigen Gehäuse fällt sie in jedem Aquarium schnell auf.

In ihren Heimatgewässern lebt sie an und auf Felsen, von denen sie den Aufwuchs abweidet. Im Aquarium sollte man ebenfalls Steine oder Totholz zur Dekoration verwenden, die Tiere nehmen diese Klettermöglichkeiten gerne an.

Gefressen wird nach kurzer Eingewöhnung auch Ersatzfutter wie Futtertabletten oder Granulat. Wird pflanzliche Kost gereicht, dann unterbleiben Übergriffe auf die Aquarienvegetation fast völlig. Einer Vergesellschaftung mit Zwerggarnelen oder kleinen Friedfischen steht nichts im Wege.

Die Brutsaison der getrenntgeschlechtlichen Art liegt im Verbreitungsgebiet in den Frühjahrsmonaten. In den Bruttaschen von Weibchen konnten bis zu 50 Jungschnecken entdeckt werden. Sie sind beim Schlupf etwa sechs Millimeter lang.

Arten der Gattung *Tylomelania*

Etwa seit Dezember 2007 steht bei vielen Haltern von Wirbellosen Sulawesi im Mittelpunkt des Interesses. Besonders aus den klaren Inlandseen werden immer neue Formen von Zwerggarnelen und eben auch Süßwasserschnecken in alle Welt exportiert. Dazu gehören die Vertreter der Gattung *Tylomelania*, deren Arten von der Gestalt her dem Typus entsprechen, den wir allgemein als Turmdeckelschnecke bezeichnen, obwohl sie den Kronen- und Nadelschnecken (Thiaridae) verwandtschaftlich nicht besonders nahe stehen.

Schnecken der Gattung *Tylomelania* im Aquarium (oben) und im natürlichen Lebensraum (unten).

Foto: R. Nümrich

55

Allgemeines

Bei der Geschwindigkeit, mit der momentan neue Formen entdeckt werden, ist es nicht ungewöhnlich, dass die Wissenschaft mit der genauen Bestimmung kaum nachkommt. So werden vom Handel und privaten Haltern immer neue Trivialnamen erfunden, die leider kaum Schlüsse auf die Herkunft geschweige denn die Biotopbeschaffenheit zulassen. Das ist schade, denn einige dieser Formen haben spezielle Voraussetzungen an die Wasserchemie im Aquarium, wenn man sie dauerhaft halten möchte.

Vom Klima her, aber zum Teil auch beispielsweise durch unterirdische Zuflüsse von Warmwasserquellen, sind die besiedelten Gewässer oft ganzjährig relativ warm mit Temperaturen zwischen 27 und 31 °C. Diese hohen Werte sollten unbedingt auch im Aquarium eingehalten werden, was die Pflege der Schnecken sehr energieaufwändig macht. Sie sind aber notwendig, da viele *Tylomelania* bereits von 25 °C abwärts sehr immobil werden und sie solche Umstände körperlich nur schwer und nicht auf Dauer verkraften.

Außerdem besitzt das Wasser einen relativ hohen pH-Wert von meist über 8, was im Zusammenhang mit den niedrigen gemessenen Härtewerten etwas ungewöhnlich erscheint. Schließlich ist noch zu berücksichtigen, dass sich die Schnecken in ihren Lebensgewässern vielfach auf eine bestimmte Nahrung spezialisiert haben, was aber das kleinere Problem ist.

Eine Unterwasseraufnahme aus dem Lebensraum der Schnecken; Felsen bilden eine harte Unterlage, die gut abgeweidet werden kann.

Ernährung

Viele Gewässer auf Sulawesi sind relativ nährstoffarm. Man darf wohl davon ausgehen, dass die Tylomelania Allesfresser sind, die nicht besonders wählerisch sein dürfen, wenn sie überleben wollen. Aufwuchs, Detritus und abgestorbenes Pflanzenmaterial sollten auf ihrem Speisezettel stehen.

Im Aquarium kann man sie sehr schnell an Ersatzfutter gewöhnen. Dazu zählen Flockenfutter, zerrie-bene Futtertabletten und Futter in Granulatform. Bitte verwenden Sie aber vornehmlich solche Sorten, die weniger tierisches Eiweiß sondern eher pflanzliche Stoffe beinhalten. Auch Futter mit hohem *Spirulina*-Anteil können diese Schnecken besser verwenden als eine Nahrung speziell für karnivore Aquarienbewohner.

Tylomelania sp. geht wie seine Verwandten auch an Kunstfutter.

Vermehrung

Alle Tylomelania sind getrenntge-schlechtlich angelegt. Es bedarf zweier Partner, wenn sich die Schnecken fortpflanzen sollen. Da die Geschechtsun-terschiede äußerlich kaum feststellbar sind, sollte man sich eine kleine Gruppe dieser Tiere anschaffen, will man auf der sicheren Seite sein.

Bei der Paarung werden vom Männchen in das Weibchen Sper-mapakete, die so genannten Sperma-tophoren überführt. Die Befruchtung der Eizellen vollzieht sich im Weib-chen und auch die Jungschnecken durchlaufen ihre Eientwicklung im Muttertier, wo sich die Eier in einem Brutbeutel befinden. Bei der „Geburt" schlüpfen die Jungen aus dem Ei, was man mit der Eigenschaft ovovivipar bezeichnet. Solche „Geburten" sind von Schneckenhaltern wiederholt beobachtet worden.

Zur Fortpflanzung müssen sich die *Tylomelania* jeweils einen Partner suchen.

Haltung

Da die meisten
Sulawesi-Schne-
cken noch nicht
sehr lange von
Aquarianern
gepflegt werden,
können keine
genauen Aussagen
über das mögliche
Höchstalter ge-
macht werden.

Da diese Schnecken an ihre Umgebung bestimmte Voraussetzungen
stellen, ist eine Haltung im Artaquarium ohne störende Begleitung die
beste Lösung. Bitte beachten Sie, dass
einige der attraktiven Formen größer
als zehn Zentimeter werden. Das und
die Tatsache, dass sich eine größere
Wassermasse einfacher innerhalb be-
stimmter Wertebereiche halten lässt,
spricht für ein großzügiges Platzan-
gebot. Ob das für alle Formen gilt, sei
einmal dahin gestellt. Es muss betont
werden, dass hinsichtlich der Haltung
und Zucht dieser bemerkenswerten
Schnecken einfach noch nicht genü-
gend Erfahrungen vorliegen. So darf
man zwar von einer längeren Lebens-
spanne ausgehen, wie alt jedoch die
Schnecken werden, kann jetzt nicht
genau gesagt werden.

Foto: H.-G. Evers

Tylomelania gemmifera
Schmuck-Turmdeckelschnecke

Diese hübsche Schnecke kommt im Matano-See auf Sulawesi endemisch vor. Für eine dauerhafte Haltung, eventuell verbunden mit regelmäßigem Nachwuchs, sollte man versuchen, die Bedingungen im See weitgehend nachzustellen.

Die Art lebt in ihrer Heimat überwiegend auf Weichsubstrat. Im Aquarium genügt Quarzsand, der sich hinsichtlich der Wasserwerte neutral verhält. Beim Einbringen weiterer Einrichtungsgegenstände sollte man ebenfalls darauf achten, nur Material zu verwenden, das die angestrebten Wasserwerte nicht negativ beeinflusst. Pflanzen können verwendet werden, aber hier ist die Auswahl wegen der speziellen Bedürfnisse der Schnecken stark eingeschränkt.

Hält man eine Gruppe von Tieren unter optimalen Bedingungen, dann werden die weiblichen Exemplare früher oder später auch Mini-*gemmifera* ins Leben entlassen. Sie haben durchaus gute Chancen, das Erwachsenenalter zu erreichen, allerdings ist ihr Wachstum relativ langsam.

Ob sich so langfristig Aquariumstämme dieser Art aufbauen lassen, bleibt abzuwarten.

Herkunft:
Sulawesi,
Matano-See

Breite:	2,3 cm
Länge:	8,5 cm
Temp.:	27–31 °C
pH:	7,8–8,5
GH:	2–12°

Ernährung:
Aufwuchs, Detritus,
pflanzliche Nahrung

Fotos: C. Lukhaup

Tylomelania patriarchalis
Patriarchen-Turmdeckelschnecke

Zu den besonders groß werdenden Schnecken ihrer Gattung gehört diese Art. Sogar der Nachwuchs besitzt bei der Geburt die beachtliche Größe von mehr als eineinhalb Zentimetern.

Auch bei ihr ist die Pflege unter solchen Bedingungen anzuraten, wie sie im Matano-See vorliegen. Die Art akzeptiert gleichermaßen harte wie weiche Untergründe und entfernt sich gelegentlich auch vom Boden. Wasserpflanzen werden nicht behelligt.

Theoretisch käme eine Vergesellschaftung mit Zwerggarnelen aus dem Matano-See infrage, doch haben die sich im Aquarium als nur kurz- bis mittelfristig haltbar herausgestellt, was wohl an mangelnder Anpassungsfähigkeit an abweichende Bedingungen liegen dürfte. Von Fischbesatz sollte man absehen, denn oft fühlen sich die Schnecken von diesen Begleitern belästigt. Man darf davon ausgehen, dass diese Schneckenart bei richtiger Pflege im Aquarium ein Alter von mehreren Jahren erreichen kann.

Herkunft:
Sulawesi,
Matano-See

Breite:	4,0 cm
Länge:	12,0 cm
Temp.:	27–31 °C
pH:	7,8–8,5
GH:	2–12°

Ernährung:
Aufwuchs, Detritus,
pflanzliche Nahrung

Fotos: C. Lukhaup

Tylomelania towutica

Towuti-Turmdeckelschnecke

Diese Schnecke taucht mittlerweile regelmäßig auf Importlisten auf. Zwar wird sie nicht jedes Zoofachgeschäft ins Sortiment aufnehmen, bei genauerer Suche, sollte der Interessent sie aber über den Fachhandel beziehen können.

Diese Art ist im Towuti-See und im Tominanga-Fluss endemisch. Sie besiedelt eher Hartsubstrate und dürfte ein Aufwuchsfresser sein. Im Aquarium akzeptiert sie bereits nach kurzer Zeit Ersatzfutter, das man ihr auf einem flachen Stein oder in einer flachen Schale anbieten sollte, damit es sich nicht vor dem Verzehr zersetzt und in den Bodengrund gelangt.

Die Zucht ist bei dieser getrennt geschlechtlichen Art bereits mehrfach gelungen. Wenn sie freigesetzt werden, sind die Jungen etwa sieben Millimeter lang und von Anfang an selbstständig. Leider ist ihr Wachstum nicht allzu schnell und auch die Produktivität dieser Schnecke ist eher gering.

Herkunft:
Sulawesi, Towuti-See

Breite:	2,0 cm
Länge:	6,5 cm
Temp.:	26–31 °C
pH:	7,8–8,5
GH:	2–12°

Ernährung:
Aufwuchs, Detritus, pflanzliche Nahrung

Fotos: C. Lukhaup

Schlamm-schnecken
Lymnaeidae

Wer einen Gartenteich besitzt, wird sie sicher schon einmal beobachtet haben: Schlamm- und Spitzschlammschnecken sind besonders in den Niederungen Deutschlands relativ häufig vorkommende Mollusken.

Dabei bevorzugen sie stehende oder nur langsam fließende Gewässer, die am besten noch über eine Wasservegetation verfügen. Dies können Seen, Teiche und Tümpel, Kanäle, Altarme und Bäche sein. Selbst in vorübergehend austrocknenden Gewässern kommen sie vor. Da sie ihr Gehäuse mit einem Deckel dicht verschließen können, verbringen sie die Zeit bis zur nächsten Vernässung gut geschützt in der restfeuchten Substratschicht.

Einige Mitglieder dieser Familie trifft man selbst in sauerstoffarmen Gewässern an: Wenn ihre Hautatmung nicht ausreicht, dann steigen sie bei Bedarf zur Wasseroberfläche auf. Sie können in ihrer Mantelhöhle einen Luftvorrat speichern, der vor dem nächsten Tauchgang ausgetauscht werden muss.

Erstaunlich sind die Kletterkünste der kleineren Schlammschneckenarten, hier *Radix auricularia*.

Ernährung

In ihren Lebensräumen halten sich diese Schnecken überwiegend an Wasserpflanzen oder auf gut strukturierten Substraten auf, wo sie ausreichend Nahrung vorfinden. Diese setzt sich in der Hauptsache aus Detritus und Algen zusammen. Im Aquarium kann man beobachten, dass die Schnecken bei Nahrungsmangel auch an weiche Pflanzenteile gehen. Ansonsten fressen sie fast jedes angebotene Zusatzfutter und auch Algen. Selbst das Abweiden von „Blaualgen" (eigentlich Cyanobakterien) wurde beobachtet.

Alle auf dieser Seite gezeigten Schlammschnecken kann man in unseren heimischen Gewässern finden.

Vermehrung

Alle Schlammschnecken sind als Zwitter angelegt, verfügen also jeweils über männliche und weibliche Geschlechtsorgane. Sie sind zur Selbstbefruchtung fähig, bevorzugen aber Paarungen mit Artgenossen. Die befruchteten Eier werden später in schlauchförmigen Gelegen abgesetzt, die von einer gallertartigen Masse umgeben sind.

Aquarienhaltung

Besonders wichtig für die Aquarienhaltung sind nicht zu hohe Wassertemperaturen. In der Regel genügen Raumtemperaturen. Problematisch wird es für die Schlammschnecken bei mehr als 25 °C, besonders dann, wenn das Wasser sauerstoffarm ist.

Zwar kann man diese Schnecken gemeinsam mit friedlichen Fischen und beispielsweise Zwerggarnelen halten, bei der Vergesellschaftung mit anderen Schnecken wird es aber manchmal kritisch. So wurde zum Beispiel beobachtet, dass Apfelschnecken den Spitzschlammschnecken nachstellen und sie auffressen, andererseits machen sich die Spitzschlammschnecken ihrerseits über die Gelege anderer Arten und deren frisch geschlüpften Nachwuchs her.

Tipp

Eine Naturentnahme dieser Schnecken sollte tunlichst vermieden werden. Sie gelten als Zwischenwirte für eine Reihe von parasitären Erkrankungen. Besser ist es da, auf Nachzuchten zurückzugreifen, die der Handel oft anbietet. Auch Aquariennachzuchten sind in der Regel unbedenklich, da der Lebenskreislauf der Erreger unterbrochen wurde.

Der Spitzschlammschnecke schmecken mitunter auch die Aquariumpflanzen.

Lymnaea stagnalis
Spitzschlammschnecke, Spitzhornschnecke

Die Spitzschlammschnecke ist von unseren anderen einheimischen Schnecken gut an ihrer Größe, der Gehäuseform und den dreieckigen Fühlern zu unterscheiden. Sie ist ein Allesfresser, der auch weiche Wasserpflanzen und Gelege anderer Schnecken nicht verschmäht. Sogar Süßwasserpolypen sollen vertilgt werden.

Die Schnecke ist zwittrig angelegt. Paarungen werden gegenüber der Selbstbefruchtung bevorzugt. Die durch einen Penis übertragenen Spermapakete werden vom als Weibchen fungierenden Tier in einem speziellen Organ zwischengelagert und kommen zum Einsatz, wenn die Eier ausgebildet werden. Die Größe des Geleges liegt in der Regel bei fünf bis sechs Zentimetern; es umfasst maximal 300 Eier.

Die Lebenserwartung dieser Schneckenart liegt in der Natur etwa bei zwei, im Aquarium bei vier Jahren.

Herkunft:
Europa, Nordamerika

Breite:	**2,5 cm**
Länge:	**5,5 cm**
Temp.:	**15–26 °C**
pH:	**6,5–8,2**
GH:	**< 4°**

Ernährung:
Allesfresser

Radix auricularia
Ohrschlammschnecke

Herkunft:
Europa

Breite: bis 2,5 cm
Länge: 3,5 cm

Temp.: 12–25 °C
pH: 6,5–8,0
GH: > 4°

Ernährung:
Allesfresser

Die Ohrschlammschnecke ist im Aquarium eine ausdauernde Art, die auch recht produktiv sein kann. Nach der Paarung setzt das als Weibchen fungierende Tier seine Gelege an Pflanzen und Einrichtungsgegenständen ab. Durch die gallertartige Hülle lässt sich die Entwicklung zur fertigen Mini-Schnecke recht gut verfolgen.

Während diese Schneckenart anderen Aquariumbewohnern gegenüber als ausgesprochen friedlich gilt, ist es um ihre Verträglichkeit hinsichtlich der Unterwasserflora weniger gut bestellt. Besonders erwachsene Ohrschlammschnecken machen sich schon einmal über das zarte Grün weichblättriger Pflanzen her, eine Unart, die man durch Zufüttern pflanzlicher Kost etwas abmindern kann.

Radix balthica
Eiförmige Schlammschnecke, Gemeine Schlammschnecke

nere bis mittelgroße Friedfische mit ruhigem Temperament. Man sollte den gesamten zukünftigen Aquariumbesatz im Vorfeld so aussuchen, dass zum Beispiel auch die Vorliebe der Schnecken für nicht ganz so hohe Temperaturen Berücksichtigung findet. Dann wird sich später auch schnell Nachwuchs einstellen.

Die Eiförmige Schlammschnecke ist je nach Standort äußerlich recht variabel und kann deshalb optisch leicht mit anderen Formen der Gattung verwechselt werden. In der Natur kommt sie bevorzugt in kalkhaltigen Gewässern vor, weshalb ihr auch im Aquarium mittelhartes Wasser sehr entgegen kommt.

Als Allesfresser mit Tendenz zur pflanzlichen Kost gibt sie sich mit dem zufrieden, was bei der Fütterung der anderen Aquariuminsassen übrig bleibt. Zur Vergesellschaftung bieten sich Zwerggarnelen an oder auch klei-

Herkunft:
Europa

Breite:	1,7 cm
Länge:	bis 2,5 cm
Temp.:	10–25 °C
pH:	6,8–8,2
GH:	> 6°

Ernährung:
Algen, Detritus, Ersatzfutter

Raubschnecken
Buccinidae

Als die Lebensweise dieser Schnecke vor wenigen Jahren erstmals bekannt wurde, staunten viele Aquarianer nicht schlecht: Eine kleine Schnecke, die sich von anderen Schneckenarten ernährt? Wie sollte das denn gehen? Nun, es ging, und heute ist die *Anentome helena*, die man zunächst erst der Gattung *Clea* zuordnete, eine der meist verkauften Schneckenarten in der Aquaristik. Umgangssprachlich wird sie als Raub-Turmdeckelschnecke bezeichnet, wobei keine nähere Verwandtschaft zu den Thiaridae besteht.

Verbreitung

Diese Schneckenart stammt aus Thailand, wo man sie bevorzugt in mäßig fließenden Gewässern mit dichten Vegetationspolstern findet. Aber auch in Bereichen von Wasserfällen konnte sie nachgewiesen werden. Hier besteht das Substrat aus Felsmaterial oder Sand, in fast stehenden Bereichen kann es auch Schlammeinlagerungen geben.

Ernährung

Wie bereits der umgangssprachliche Name erahnen lässt, ist diese Schnecke kein Kostverächter. Im Aquarium wie in der Natur macht sie Jagd auf andere Schneckenarten, wobei deckellose Jungschnecken eindeutig bevorzugt werden. Es gibt mehrer Strategien, um zum Erfolg zu kommen. Zum einen werden die Beutetiere aktiv verfolgt, zum anderen lauert die Raubturmdeckelschnecke halb eingegraben im Sand und versucht, wenn eine Schnecke passender Größe in die Nähe kommt, diese in einem blitzschnellen Zugriff mit ihrem Fuß zu greifen. Ist das Beutetier nicht schnell genug, wird es von der Raubturmdeckelschnecke mit einem speziellen Organ quasi angestochen. Es scheint, als ob bei diesem Vorgang etwas in das Opfer injiziert wird, das es sowohl bewegungsunfähig macht als auch die Körperzellen auflöst, wodurch die Raubschnecke ihre Beute leichter verzehren kann.

Anentome helena kann sich jedoch auch auf andere Nahrung einstellen. Wiederholt machten Aquarianer die Beobachtung, dass bei einer gemeinsamen Haltung mit Zwerggarnelen diese ab und an ebenfalls zur Beute wurden. Einige Aquarianer berichteten über eine Reduzierung von Planarien durch die Schnecken, doch haben wir das bisher noch nicht beobachten können. Sollte das stimmen, dürften die *Anentome helena* wohl bald als Nützling angesehen werden, denn viele biologische Bekämpfungsmittel gegen Planarien gibt es derzeit noch nicht.

Raubturmdeckelschnecken lassen sich durchaus an Ersatzfutter gewöhnen. Besonders wenn Futtertabletten in das Aquarium gegeben werden, sieht man sehr schnell, dass dies den Schnecken aufgefallen ist. Sie fahren ihr röhrenförmiges Ortungsorgan aus, prüfen die Richtung, in der das Futter zu finden ist und kriechen dann darauf zielstrebig zu.

Die Raubturmdeckelschnecken sind nicht auf Lebendnahrung angewiesen; auch Aas und Ersatzfutter werden gefressen.

Fortpflanzung

Bei uns setzen die *Anentome helena* ihre Eier besonders gerne einzeln an den Blättern des Kamerunfarns ab; man findet den Laich aber auch an anderen Einrichtungsgegenständen.

Die Raubturmdeckelschnecke ist getrenntgeschlechtlich. Nach der Paarung setzt das Weibchen die Eier einzeln in einer trapezförmigen Hülle ab, die mit einem Nährsubstrat gefüllt sein dürfte. Bei uns wurden die Eier bevorzugt an Blättern des Kamerunfarns abgesetzt, doch fanden sie sich vereinzelt auch an Aquarienscheiben und Dekorationsgegenständen. Die Entwicklung der Jungschnecke ist durch die milchige Hülle recht gut zu beobachten. Die benötigte Zeit bis zum Schlupf dürfte in erster Linie von der Wassertemperatur abhängig sein. Als Lebenserwartung nehmen wir auch bei Aquarienhaltung mehrere Jahre an.

Anentome helena
Raubturmdeckelschnecke

Die Raubturmdeckelschnecke ist im aquaristischen Sinn eine Ausnahmeerscheinung, denn wir kennen bisher nur diese eine Art, die so gezielt Jagd auf andere Schnecken macht. Wenn ein Aquarium unter der Überbevölkerung durch Blasen- oder Posthornschnecken leidet und der Einsatz eines chemischen Mittels oder spezieller Fische als Fressfeinde nicht infrage kommt, sind die *Anentome* eine denkbare Alternative. Allerdings nutzt es wenig, nur eine oder zwei Schnecken als Jäger einzusetzen. Es ist dann schon nötig, mit einer ganzen Gruppe dieser Tiere zu beginnen.

Raubturmdeckelschnecken gehen nicht an Pflanzen, können also bedenkenlos in einem bepflanzten Becken gehalten werden. Die Vermehrungsquote ist nicht gerade berauschend, doch kommen durchaus Jungschnecken auf, so dass früher oder später die Nachfrage mit Nachzuchten abgedeckt werden kann.

Herkunft:
Asien, Thailand

Breite:	bis 0,7 cm
Länge:	bis 2,0 cm
Temp.:	20–28 °C
pH:	6,0–8,2
GH:	> 4°

Ernährung:
Karnivor, Ersatzfutter

Blasenschnecken
Physidae

Plötzlich tauchen sie im Aquarium auf: Kleine Schnecken mit glatten, glänzenden Gehäusen. Die langen, dünnen Fühler vorgestreckt, gleiten sie auf ihrem schmalen, spitz auslaufendem Fuß über den Bodengrund. Wenn sie sich an der Frontscheibe fortbewegen, sieht man erst, wie schnell sie sind.

Allgemeines

Es handelt sich bei diesen Wassertieren um Formen der so genannten Blasenschnecken, die wohl über Wasserpflanzen oder umgesetzte Einrichtungsgegenstände eingeschleppt wurden. In den mitteleuropäischen Gewässern findet man Arten der Gattungen *Aplexa, Physa* und *Physella*. Für den Laien dürfte eine genaue Artbestimmung schwer sein, denn sie zeigen körperlich nur geringe Unterschiede

Vorkommen

Unsere heimischen Blasenschnecken meiden schnell fließende Gewässerabschnitte. Eher trifft man auf sie in stehenden Gewässern wie Seen, Tümpeln und Teichen, Entwässerungsgräben und Altarmen. Selbst in Kleinstgewässern, die periodisch austrocknen, können sie dank ihrer Anpassungsfähigkeit überleben.

Es sind besonders dichte Wasser- und Sumpfpflanzenbestände, zwischen denen diese kleinen Wasserschnecken in hoher Populationsdichte vorkommen. Gute Voraussetzungen finden sie aber auch am Rand von Fließgewässern, besonders dort, wo sich im Strömungsschatten Falllaub und Totholz angelagert haben.

Ernährung

In erster Linie weiden diese Kleinschnecken den Biofilm ab, der praktisch alle Pflanzen und sonstigen Substrate überzieht. Entsprechend ergaben Untersuchungen des Mageninhalts einen hohen Anteil an Detritus. Auch Algen wurden in unterschiedlicher Form nachgewiesen.

Im Aquarium kommen sie eigentlich ohne Zufütterung aus, denn sie verwerten das, was die anderen Beckenbewohner übrig lassen. Futterreste und abgestorbenes Pflanzenmaterial passen in ihr Nahrungsspektrum. Algen

werden zwar ebenfalls verzehrt, aber nicht in solcher Menge, dass man die Blasenschnecken auch nur prophylaktisch zu deren Bekämpfung einsetzen könnte. Selbstverständlich steht das energiereiche Kunstfutter für Fische und Wirbellose in der Gunst dieser Schnecken an oberster Stelle. Schnell sind sie zur Stelle, wenn Fressbares zu Boden gesunken ist.

Im Unterschied zu den Schlammschnecken besitzen die Blasenschnecken spitz zulaufende Fühler.

73

Fortpflanzung

Alle Blasenschnecken sind Zwitter, es sind also Tiere, die gleichzeitig männliche und weibliche Geschlechtsorgane besitzen. Jede Schnecke kann bei einer Paarung mit einem Artgenossen den männlichen oder weiblichen Part übernehmen. Auch ein Rollentausch ist möglich.

Nur wer genau hinschaut, wird die Ergebnisse der Fortpflanzungsbemühungen im Aquarium entdecken. Da die Gelege anfangs fast völlig transparent sind, fallen sie kaum auf, wenn sie irgendwo an der Vegetation oder an Dekorationsgegenständen abgesetzt wurden. Die Eier sitzen wie aufgereiht in einer Gallertmasse. Hier wachsen in den nächsten Tagen die kleinen Jungschnecken heran.

Bei den Blasenschnecken ist auch der Nachwuchs winzig. So bemerkt man erst mit fortschreitendem Wachstum, wie sich diese Gastropoden im Aquarium ausbreiten. Dabei funktioniert die Populationsdichte auch als eine Art Indikator. Steigt sie schnell an, dann finden die Schnecken eindeutig zu viel Nahrung, was auch auf belastetes Wasser hindeuten kann. Eine erste Gegenmaßnahme ist ein Teilwasserwechsel, außerdem sollten die Aquarieninsassen sparsamer gefüttert werden.

Zur Fortpflanzung findet sich manchmal gleich eine ganze Gruppe von Blasenschnecken zusammen.

Physa fontinalis
Quell-Blasenschnecke

Diese kleine Blasenschnecke ist wie ihre Verwandten ein Bewohner der nördlichen Hemisphäre. Entsprechend sind ihre Temperaturansprüche eher mäßig, ja gegenüber höheren Wassertemperaturen reagiert sie sogar ausgesprochen empfindlich.

Im Aquarium lassen sich die *Physa* durchaus mit anderen Schneckenarten, wie zum Beispiel den relativ häufigen und genügsamen Turmdeckelschnecken der Gattungen *Melanoides*, *Thiara* und *Tarebia*, vergesellschaften. Es gibt auch dann die meiste Zeit über

eine räumliche Trennung, denn die Turmdeckelschnecken leben ja überwiegend bodenorientiert und im Substrat, die Quell-Blasenschnecken eher an Dekoration.

Jedes Exemplar ist als Zwitter angelegt. Bei Paarungen erfolgt die Befruchtung wechselseitig. Anschließend werden die Eier in kleinen Paketen an den Glasscheiben, Pflanzen und anderen Dekorationsgegenständen angebracht.

Herkunft:
West-, Mittel- und Osteuropa

Breite:	0,8 cm
Länge:	1,2 cm
Temp.:	12–25 °C
pH:	5,5–8,5
GH:	> 3°

Ernährung:
Aufwuchs, Pflanzenreste, Ersatzfutter

Spitze Blasenschnecke

Herkunft:
West-, Mittel- und
Osteuropa

Breite:	**0,5 cm**
Länge:	**1,2 cm**
Temp.:	**10–25 °C**
pH:	**5,4–8,5**
GH:	**> 3°**

Ernährung:
Detritus, Aufwuchs,
Ersatzfutter

Die Spitze Blasenschnecke kann in einem kleinen Aquarium bei hoher Besatzdichte durchaus die Aquarienscheiben und andere glatte Hartsubstrate von Grünalgen freihalten. Pinselalgen stehen leider nicht auf dem Speiseplan dieser Zwergschnecken, die ansonsten noch jegliche Art von Fischfutter auffressen und selbst Aas im Becken spurlos beseitigen.

Hinsichtlich der Wasserwerte sollten sie in den meisten Gebieten Deutschlands mit dem Leitungswasser zufrieden sein. Wichtig ist es, nicht längerfristig über 25 °C zu gehen. Wer meint, dass diese deckellosen Schnecken im Aquarium die Überhand gewonnen haben und den Bestand reduzieren möchte, kann beispielsweise zur biologischen Bekämpfung die Raubschnecke *Anentome helena* einsetzen. Für sie fallen Blasen- und andere Kleinschnecken ins Beuteschema. Aber auch sonst beträgt deren Lebenserwartung nur runde zwölf Monate.

Ein Gewässer in Deutschland; hier leben verschiedene einheimische Wasserschneckenarten.

Ein Schnecken-aquarium

Wer in die Materie tief genug eingedrungen ist und sich für bestimmte Schnecken interessiert, die wegen ihrer besonderen Ansprüche vielleicht ein eigenes Aquarium ohne störende Fische benötigen, der wird vor der Frage stehen, wie er das Ganze angehen muss, um den Tieren eine möglichst optimale Umgebung zu bieten. Wir wollen einmal versuchen, den richtigen Weg dahin aufzuzeigen.

Eine Handelsbezeichnung für Neritina juttingae *lautet „Fruitsnail".*

Grundinformationen

Im Artenteil haben wir die wichtigsten Parameter für das Wasser genannt, in dem die Schnecken gut zurecht kommen. Wenn für die Temperatur, den pH-Wert oder die Gesamthärte Bereiche genannt werden, dann bedeutet das nicht, dass ober- oder unterhalb dieser Werte sofort mit dem Ableben der Tiere zu rechnen ist. Wir zeigen nur auf, in welchem Spektrum das Leben der Gastropoden problemlos verläuft.

Bei der Auswahl von Dekorationssteinen sollten scharfkantige Exemplare vermieden werden.

Ebenso gibt die genannte mögliche Endgröße einer Art vielleicht einen kleinen Hinweis auf das notwendige Volumen des Aquariums. Gerade in der heutigen Zeit mit ihrem Trend hin zum so genannten Nano-Becken ist auch diese Angabe wichtig. Nahrungsspezialisten (Aufwuchs, Algen) sowie größer werdende Arten (*Pomacea* ssp., *Tylomelania* ssp.) haben in einem Aquarium mit einem Bruttovolumen von zehn Litern wirklich nichts verloren.

Der Bodengrund

Wenn die Sache mit der Aquariengröße und den Wasserwerten geklärt ist, kann es an die Einrichtung des Aquariums gehen. Für einige Schnecken ist es wichtig, dass zumindest etwas feines Material (Sand) vorhanden ist, denn sie nehmen es in geringem Umfang auf, um wahrscheinlich – ähnlich wie Hühner – ihre Nahrung mechanisch aufzuschließen. Aber auch sonst macht ein sandiger bis feinkiesiger Bodengrund Sinn: Er ist für manche Arten tagsüber ein Zufluchtsort und bietet den Aquarienpflanzen ausreichend Halt.

Worauf man achten sollte, das ist seine Beschaffenheit. Hin und wieder unter Fantasiebezeichnungen angebotene Asche, Lavabruch und auch der sehr attraktive, weil dunkle Basaltsplitt sind nicht aller Schnecken Sache: Ihr Fuß scheint Probleme mit scharfkantigem Material zu bekommen, was sich bei manchen Tieren darin äußert, dass sie sich in ihr Gehäuse zurückziehen. Andere sondern übermäßig viel Sekret ab, um so den Kontakt zum Bodengrund zu vermeiden.

Ausschnitt eines Schneckenaquariums, in dem auch andere Tiere wie Zwerggarnelen und Fische leben.

Wasserpflanzen

Auch die im Handel angebotenen Wasserpflanzen haben unterschiedliche Ansprüche an die Wasserwerte und die Beleuchtung. Sie in Einklang mit den Bedürfnissen der Schnecken zu bringen ist sinnvoll, denn Tier und Pflanze sollen ja möglichst lange koexistieren.

Wenn Futter nicht in ausreichender Menge vorhanden ist, kommen bei manchen Schneckenarten Übergriffe auf die Vegetation vor. Hartblättrige Arten wie Wasserkelch, Javafarn oder Hornkraut sind hier weniger betroffen als die zarten Spitzen weichblättriger Spezies. In dieser Hinsicht geradezu

magische Anziehungskraft auf viele Schnecken scheint die überaus dekorative Pflanzenart *Pogostemon helferi* zu besitzen. Sie wird regelmäßig abgeweidet, weshalb sie in den meisten Aquarien mit Schneckenbesatz eigentlich fehl am Platze ist.

Sonstige Dekorationsmittel

Wer echte Pflanzenfresser unter den Schnecken pflegen will, zum Beispiel *Pomacea canaliculata* oder *Marisa cornuarietis,* der verzichtet am besten vollkommen auf eine Unterwasservegetation. Das Aquarium lässt sich durchaus nur mit Steinen und Wurzelhölzern optisch attraktiv einrichten. Man kann ja versuchen, ein paar Schwimmpflanzen und Moos-kugeln (eigentlich ist es die kugelige Wuchsform der Algenart *Cladophora aegagrophila*) zu kultivieren. Klappt auch das nicht, dann macht sich auch Falllaub als optische Auflockerung sehr gut, das noch dazu von den Schnecken verwertet oder zumindest abgeweidet wird.

Steine, Wurzeln und Pflanzen können das Schneckenaquarium verschönern.

81

Technik

In Kleinaquarien wird manchmal bis auf die Beleuchtung komplett auf Technik verzichtet, was den Tieren und Pflanzen nichts ausmacht, wenn die Besatzdichte relativ gering ist und regelmäßige Wasserwechsel durchgeführt werden, um die Schadstoffbelastung des Wassers zu reduzieren. Größere Aquarien kommen allerdings meist ohne weitere Technik nicht aus, auch stellen ihre Bewohner Pflegeansprüche, für deren Erfüllung man auf einige technische Geräte nicht verzichten kann.

Für die Einhaltung der richtigen Wassertemperatur, hier seien noch einmal die Sulawesi-Schnecken genannt, die ja auf 27 bis 30 °C geradezu angewiesen sind, benötigt man einen regelbaren Heizer, um vor unliebsamen Überraschungen wie einer nächtlichen Temperaturabsenkung sicher zu sein. Einheimischen Schnecken hingegen wird es bei uns im Sommer oft zu warm, was sich ebenfalls negativ auf ihre Lebenserwartung auswirken kann. Wer hier vorbeugen will, ist mit dem Kauf eines Kühlgeräts, von denen es mittlerweile unterschiedliche Ausführungen gibt, gut beraten.

Obwohl manche Schnecken bei mangelndem Sauerstoffgehalt des Wassers über alternative Methoden zur Atmung verfügen, ist es sinnvoll, es gar nicht erst zu einer Sauerstoffknappheit kommen zu lassen. Eine Zusatzbelüftung mittels eines Ausströmers und einer kleinen Luftpumpe ist hier sinnvoll. Man kann das Ganze aber auch mit einem Filter kombinieren. Dabei ist es den Tieren ziemlich egal, ob nun ein Innen- oder Außenfilter benutzt wird. Bei außerhalb des Aquariums angebrachten Motorfiltern sollte man allerdings darauf achten, dass die Zu- und Abläufe ausbruchssicher verlegt werden. Einige Wasserschnecken können nämlich durchaus ihr Element verlassen und auf Wanderschaft gehen. Erst einmal aus dem Aquarium abgewandert, finden sie meist nicht mehr zurück und vertrocknen irgendwo im Zimmer. Um dem Vorzubeugen ist es daher angebracht, das Schneckenaquarium mit einer dicht schließenden Abdeckung zu versehen. Die Beleuchtungsstärke ist für die Schnecken uninteressant. Viele Arten sind sowieso dämmerungs- bis nachtaktiv und halten sich bei Licht in einem Versteck auf oder ziehen sich in ihr Gehäuse zurück.

Ernährung

Fotos: SXC

In der Natur ist für die Wasserschnecken der Tisch oft nicht gerade üppig gedeckt. Es gibt Nahrungskonkurrenten und Fressfeinde, die unsere Gastropoden manchmal davon abhalten, gute Weidegründe aufzusuchen. Um da überleben zu können, sind die Schnecken unterschiedliche Wege gegangen. Einige wurden zu Allesfressern, die nicht besonders wählerisch bei der Nahrungssuche sind, andere wurden zu Spezialisten, die sich zum Beispiel tagsüber verstecken und nachts in Stömungsbereichen von Fließgewässern Algen von glatten Felsen abweiden.

Im geschlossenen Raum eines Aquariums kann man manchmal auch unschöne Seiten dieses Überlebenskampfs erkennen, wenn Schnecken unterschiedlicher Arten zusammen gehalten werden. Da werden die Gelege der anderen gefressen, Jungschnecken gehören zur Beute und selbst erwachsene artfremde Tiere passen manchmal ins Beuteschema. Dass es sogar spezialisierte Schneckenfresser gibt, ist ja bereits bei der Vorstellung von *Anentome helena,* der Raubturmdeckelschnecke deutlich geworden.

Neben reinen Naturprodukten wie Laub und Gemüse nehmen die Schnecken oft auch gerne Futterflocken und -granulate an.

Gemüse ist gut

Eine kleine Auswahl von erprobten Futtermitteln von der Obst- und Gemüsetheke.

Wenn wir die echten Pflanzenfresser aus der Gattung *Pomacea* und die farblich so attraktive *Marisa cornuarietis* außen vor lassen, bei denen die Aquarienbepflanzung sowieso kaum eine Chance hat, dann müssen wir hier trotzdem erwähnen, dass auch einige der Allesfresser durchaus auf die Vegetation zurückgreifen, wenn anderes Futter nicht ausreichend in Sicht ist. Um dem vorzubeugen, aber eigentlich auch, um den Tieren eine

ausgewogene und abwechslungsreiche Kost zu bieten, kann man zum Beispiel auf viele Gemüsesorten zurückgreifen. Gurken, Zucchini, Paprika, Tomaten, Karotten, Erbsen und Kürbisfleisch werden ebenso gern gefressen wie Salat-, Spinat- und Mangoldblätter. Auch die Brennnessel darf in dieser sicher unvollständigen Aufzählung nicht fehlen. Sinnvoll ist es, dieses Futter zu überbrühen oder sogar kurz zu kochen, denn nicht jede Schneckenart kann hartwandige Zellen knacken.

Sonstige Leckerbissen

Auch sonst ist die Palette an Speisen für die Schnecken weit gefasst. Nudeln (roh oder gekocht), Obst und Falllaub gehören ebenso dazu wie Nagerpellets, die manchmal einfach nur aus gepresstem Heu bestehen.

Und dann gibt es ja da noch die aus der Aquaristik bekannten Futter-

sorten für Fische und Wirbellose. Man sollte ausprobieren, was die Schnecken besonders mögen. Flockenfutter hat gegenüber dem Granulatfutter oft den Nachteil, sich schneller zu zersetzen. Auch beim Tablettenfutter gibt es unterschiedliche Qualitäten hinsichtlich der Zusammensetzung und Konsistenz.

Fotos: SXC

Welche Algen gefressen werden, hängt immer auch von den Schnecken- arten ab.

Algen(-Ersatz)

Etwas schwierig wird es mit manchen Formen der Familie Neritidae. Die Kahn- schnecken, und mehr noch die Muschel- schnecken, die von manchen Systematikern in die eigenständige Familie Septaridae gehören, bevorzugen es, Aufwuchs abzu- weiden. Da bleibt in normalen Aquarien dann meist nur der feine Algenbelag, der sich bei ungünstigen Verhältnissen zunächst sichtbar auf den Scheiben einstellt. Nur, der ist schnell aufgezehrt, wenn die Schnecken- population zu hoch oder das Aquarium zu klein ist.

Eine normale Fütterung mit den oben genannten Sorten auf dem Bodengrund erübrigt sich meistens, wenn sich Nahrungs- konkurrenten im Aquarium befinden. Diese Schnecken sind auf dem Boden einfach nicht schnell und durchsetzungsfähig genug. Man kann eine zusätzliche Fütterung nach Ausschalten der Beleuchtung versuchen, doch der Erfolg ist fraglich.

Für Garten- oder Balkonbesitzer gibt es eine praktikable Lösung: Man besorgt sich flache Sandsteine, legt die in einem Behälter mit Wasser aus und lässt die Sonne wirken. So hat man bei entspre- chender Anzahl immer einige algenbe- wachsene Steine da, die man im Wechsel im Aquarium auslegen kann.

Schneller kommt man zum Ziel, wenn man einen Futterbrei selbst herstellt, den man auf den Steinen verteilt und dort antrocknen lässt. Es gibt von Schnecken- freunden verschiedene Rezepte für dieses Futter, deren Zutaten aber in der Regel als Grundlage *Spirulina*-Algen oder Brennnessel- pulver enthalten. Als Bindemittel kann man Eiweißpulver hinzufügen. Diese Mischung wird mit etwas Wasser angerührt, bis sie streichfähig ist. Dann verteilt man sie dünn über die Steine und lässt die Nährschicht dann antrocknen (Backofen auf niedriger Temperatur kann helfen). Anschließend kommt der Futterblock ins Aquarium. Manche der Kahnschnecken stürzen sich geradezu gierig auf diese Leckerbissen.

Man sollte es aber nicht übertreiben, denn in diesem Fall ist eben weniger mehr. Von den Schnecken nicht innerhalb we- niger Stunden gefressene Nahrung kann schnell in Zersetzung übergehen und das Aquarienwasser belasten. Da ist es besser, nur jeden zweiten Tag Futter zu reichen, und das in gemäßigter Form. So bleiben die Schnecken gesund und agil.

Foto: SXC

Ein Schnecken-
egel dringt in eine
Schnecke ein.

Parasiten und Krankheiten

Aggressive Plana-
rien können sich
auch über unge-
schützte lebende
Schnecken herma-
chen.

Um es gleich vorweg zu sagen: Über die Krankheitsanfälligkeit von Aquarienschnecken weiß man nicht allzu viel. Und selbst wenn eine Krankheit diagnostiziert würde, wie sollte man sie behandeln? Es gibt derzeit keine Medikamente, die für Schnecken bereit stehen. Die diversen Mittelchen, die der Zoofachhandel verfügbar hält, sind genau für das Gegenteil gedacht. Sie fungieren als chemische Beschleuniger, mit denen unsere Schnecken schneller ins Jenseits befördert werden können.

So müssen wir, wenn unsere Gastropoden plötzlich ein merkwürdiges Verhalten zeigen, zunächst an die Umstände im Aquarium denken. Stimmen für die jeweilige Art die Wassertemperatur, der pH-Wert, die Gesamthärte und die elektrische Leitfähigkeit? Aber auch die Begleitfauna kann für Probleme verantwortlich sein, was sich oft nur durch genaue Beobachtung herausfinden lässt. So gibt es beispielsweise Fische, die an den Antennen der Schnecken herum zupfen, die eigentlich friedfertigen Zwerggarnelen belästigen die Schnecken durch ständiges Anschwimmen oder der Bodengrund ist ihnen einfach nicht genehm.

Auf Fische, die den Schnecken nachstellen, muss hier auch noch eingegangen werden. Dazu gehören in erster Linie sehr viele Schmerlenarten, insbesondere der Gattung *Botia*, und dann auch Kugelfische, die mit ihrem speziellen Gebiss locker jedes Schneckengehäuse knacken. Und von den Wirbellosen stehen viele Krebs- und Großarmgarnelenarten ebenfalls auf der Liste der Räuber. Den Schnecken fällt es durchaus auf, wenn Fressfeinde im Aquarium sind: Manche versuchen sich zu verstecken oder ein-zugraben, andere suchen die Flucht aus dem Wasser. Gerade bei nord-amerikanischen Arten, die ja meist mit Krebsen ihre Biotope teilen, ist dieses Verhalten sehr ausgeprägt. Und nein, das ist kein Aquarianerlatein, auch in seriösen wissenschaftlichen Arbeiten wird darüber berichtet.

Wasserwerte lassen sich ändern, unliebsame höhere Organismen ent-fernen, doch eine zumindest ebenso große Gefahr geht von den kleinwüch-sigen Lebewesen aus, die man so schnell übersehen kann. Ich meine zum Beispiel Plattwürmer, Planarien, und dann die spezialisierten Schneckenegel, die ihre Speisekarte ganz auf die Hauptdarsteller dieser Fibel ausrichten. Beide Gruppen sind auf Dauer für eine Schneckenpo-pulation in dem begrenzten Raum, den ein Aquarium nun einmal nur bietet, tödlich. Es gibt einige Hausmittelchen, mit denen man diese Plagegeister los-werden soll. Am besten ist es noch, sie abzusammeln und die Schnecken in Quarantänebecken ohne Bodensubstrat umzusetzen, um sie dort zu beobachten und schnell eingreifen zu können, falls es nötig ist. Oft verstecken sich diese unliebsamen Organismen nämlich im Gehäusemund und kommen beim Orts-wechsel zum Vorschein. Wenn keine dieser Fressfeinde mehr nachweisbar sind, können die Schnecken in ein neues Zuhause umgesetzt werden.

Auch hier hat die Schnecke keine Chance, dem angreifenden Schneckenegel zu entkommen.

Parasiten

Schnecken werden oft auch von Pa-rasiten als Zwischenwirte heimgesucht. So wissen wir, dass einige Plattwürmer (*Plathelminthes*) unterschiedliche Wirte benötigen, um einen Generationen-wechsel zu bewerkstelligen. Aus dem befruchteten Ei schlüpfen bei ihnen bewegungsfähige Miracidien, die in dieser Larvengeneration einen Wirt suchen, in dem sie sich asexuell fort-pflanzen können. Damit einher geht die Umwandlung in eine weitere Lar-

Die Fraßspuren in den Gehäusen der großen *Tylome-lania* rühren wohl von kleinen räube-rischen Schnecken her, die man auf diesem Foto eben-falls gut erkennen kann.

Schneckenegel mit Eiern; dass diese Tiere sogar eine Art Brutpflege betreiben, wurde durch Aquarium-beobachtungen bekannt.

vengeneration, die Cercarien. Diese verlassen das Wirtstier, um dann aktiv ihren Endwirt anzuschwimmen oder in ihrer Überdauerungsform von ihm aufgenommen zu werden. Hier findet dann die Umwandlung zum fertigen Plattwurm statt, der sich sexuell fort-pflanzt und Eier ausscheidet, wodurch der Kreislauf geschlossen wäre.

Es ist so, dass einige unserer tropi-schen und subtropischen Schnecken-arten in ihrer Heimat durchaus dazu beitragen, für den Menschen gefähr-liche Krankheiten zu verbreiten. Als ich einmal in einem Tropeninstitut auf Infektionen untersucht wurde, interes-sierten mich die hübschen afrikanischen Schnecken in einem Aquarium. Wie mir der behandelnde Arzt erklärte, hielt man sie dort nicht zum Spaß. Sie waren der Zwischenwirt für die Pärchenegel *Schistosoma mansoni*, die Erreger der Bilharziose. Andere parasitische Platt-

würmer sind beispielsweise der Kleine (*Dicrocoelium lanceolatum*) und der Große Leberegel (*Fasciola hepatica*).

Zum Glück verringert sich die Ge-fahr, die von solchen Wirtsschnecken ausgeht, je länger sie sich im Aquarium befinden, denn auch die unterschied-lichen Stadien der Parasiten leben nicht ewig. Hält man die Schnecken in den Folgegenerationen, sollte der gefahrvolle Lebenskreislauf der Erreger längst unterbrochen sein.

In einigen tropischen und subtropi-schen Ländern treten in Verbindung mit Schnecken beim Menschen noch ganz andere Erkrankungen auf. Sie sind in der Regel aber mit dem sorg-losen Umgang beim Verzehr zurück-zuführen. Wer Schnecken unbedingt essen muss, sollte sie auf keinen Fall roh und am besten nur gut durchge-kocht verzehren.

Diese kleine Aufzählung soll Ihnen nun auf keinen Fall Angst im Umgang mit Wasserschnecken machen, im Gegenteil. Soweit bekannt, ist bisher weltweit auch noch kein Aquarianer durch seine Aquarienschnecken in-fiziert worden. Sie können sich also weiter intensiv mit den kleinen Ge-häuseträgern beschäftigen.

Foto: A. Stahn